U0269965

高质量发展实践丛书

主编 北京城建设计发展集团股份有限公司

综合解决方案

城市更新

中国建筑工业出版社

图书在版编目（CIP）数据

城市更新综合解决方案 / 北京城建设计发展集团股
份有限公司主编. --北京：中国建筑工业出版社，
2024.7. --（高质量发展实践丛书）. -- ISBN 978-7
-112-30095-2

Ⅰ. TU984.2

中国国家版本馆 CIP 数据核字第 2024CF2549 号

责任编辑：张礼庆
责任校对：赵　力

高质量发展实践丛书

城市更新综合解决方案

主编　北京城建设计发展集团股份有限公司

*

中国建筑工业出版社出版、发行（北京海淀三里河路 9 号）

各地新华书店、建筑书店经销

华之逸品书装设计制版

天津裕同印刷有限公司印刷

*

开本：787 毫米×1092 毫米　1/16　印张：15¾　字数：288 千字

2024 年 8 月第一版　　2024 年 8 月第一次印刷

定价：**99.00** 元

ISBN 978-7-112-30095-2

（42702）

《城市更新综合解决方案》编委会

主　　编：刘　京

副 主 编：王东纯

编　　委：刘　璐　夏菡颖　彭彦彬　王　璐

　　　　　刘文波　宿同飞　沈　佳　张晶玫

　　　　　常银宗　卢齐南　刘　明

翻　　译：朱　旭　宋宜凡

封面摄影：王东纯

主编单位：北京城建设计发展集团股份有限公司

　　城市是人类生产、生活的中心，我国的城镇化率已经超过65%，城市发展从原来的增量建设时代进入了存量提质的新阶段，城市更新成为城市发展的新引擎。习近平总书记在党的二十大报告中明确要求，"加快转变超大特大城市发展方式，实施城市更新行动"。以北京、上海、广州、深圳、武汉等为代表的超大特大城市正在积极推进城市更新。

　　近些年来，很多学者都在研究城市更新问题，主要研究聚焦于产业更新与老旧小区改造，但对于城市全域来说，还有交通、市政等多种设施，随着城市化进程的推进，这些设施也在陆续更新，对于这些领域的城市更新研究也亟须补充。此外，城市是一个有机体，局部的改造看似是有边界的，其实牵一发而动全身，各种城市功能之间的相互作用关系也值得深入研究。

　　北京城建设计发展集团股份有限公司是具备综合甲级设计资质的城市建设综合服务商，业务范围包括城市轨道交通、市政工程、工业与民用建筑设计、城市规划等城市建设各个领域，业务遍布国内近70个城市，在50多个城市设有分支机构，近十年完成了大量城市更新项目。在工程实践过程中，我们也在思考：城市发展进入一个新的阶段，不能再用以前粗犷的发展模式来对待城市更新，如何全面系统地发现、总结城市问题？如何用最有效的、性价比最高的方式来进行城市更新？如何用更长远的目光去解决城市问题，让城市更新的周期变长？为此，我们解读政策与法规，总结城市更新问题，系统分析归类城市更新内容、特点与城市更新理念，并将各类城市更新典型案例集结成册。

　　本书分为五个部分：

　　第一部分：整理城市更新的概念、起源、发展历程与国际典型案例，"他山之石，可以攻玉"，从历史与实践中发现可能遇到的问题，规避发展中曾经犯过的错误，学习已有的先进经验。

　　第二部分：梳理了我国的城市更新政策。除了技术研究，也亟须相关配套政策的支撑，很多城市陆续出台了城市更新条例、设计导则等，明确了城市更新的发展计划与关键规划管理问题的处理导向，除了设计引导，北京、广州等城市还出台了城市更新土地政策、设计审查流程等创新内容。

第三部分：提出了涵盖产业、居住、交通设施、公共空间、市政设施等五大类的城市更新工程分类体系，并针对不同种类工程进行了问题梳理、特点总结，提出解决方案。

第四部分：总结城市更新建设理念，既体现了城市更新的建设特点，也反映了我国城市建设的主要发展方向。

第五部分：案例部分展示的29个城市更新项目主要取自于北京城建设计发展集团的设计项目，对于书中收录的每个项目都进行了较为详细的解读，包括新旧功能的分析与对比，工程中的挑战与难点，以及对今后的建设带来的启发与经验。

在多年的设计实践过程中，我们对城市更新有如下认识：

1.城市更新是个系统工程。吴良镛院士提出的"城市有机更新"规划理论，认为从城市到建筑，从整体到局部，如同生物体一样是有机联系/和谐共处的。在这本书里，我们把城市更新分为三个改造层次：第一层次是对建筑物的物理改造；第二层次是对建筑物周边的各种生态环境、空间环境、文化环境、视觉环境、游憩环境等的改造与提升；第三层次是文化与产业的存续与提升。

2.城市更新是一个"蜕变"过程，亦或说是"蝶化重生"过程。改造项目不论是功能定位还是建设实施，都比新建建筑还复杂。既有建筑或设施破旧老损或功能不符合时代需要，在现有的各种限制条件中赋予新的功能与环境的提升，设计过程不能闭门造车，需要细致的现场调研与现场设计，犹如中医把脉，注重个体之间的差异，药方也要对症下药。同时要抓大放小，懂得"舍"与"得"的关系，取得改造的最大效益。

3.城市更新是一个价值重塑过程。产业引导，"设计创造价值"一直是设计师追求的目标，设计师要敏锐地发现新的市场需求，并且通过设计激发出新的经济增长点，通过空间改造带来更多价值。

最后，希望把我们的经验分享给大家，立足本地文化与城市发展目标，不断创新，建设宜居城市、绿色城市、韧性城市、智慧城市、人文城市，走出一条具有中国特色的城市发展道路，实现城市建设的高质量发展，让人们在城市生活得更方便、更舒心、更美好。

（王汉军）

目 录
CONTENTS

第4章 城市更新理念 / 067

第5章 城市更新案例实践 / 079

■ 产业与居住类

■ 交通设施类

第 1 章

城市更新发展历程

1.1

城市更新的概念

1.1.1 产生背景

城市作为人类生产发展和劳动分工的产物，是人类文明和进步的标志，最早有记载的城市距今已有5000年的悠久历史。从最初只具备防御目的的固定居民点，到如今人口规模超千万的超级大都市，城市的基本活动已从居住、生活、游憩和交通，演变成为政治、经济、文化、信息等多功能形式。当城市的人口规模不断增加，用地紧张、交通拥挤、能源缺乏、环境污染等问题就会相继涌现；当城市空间向外无序扩张，用地规模不断扩大，土地利用不合理现象产生，这些都是"城市病"的体现。

20世纪30年代之前，世界上绝大部分城市都属于初步发展阶段，城市病问题不突出，所以较少涉及城市的改造和更新。20世纪30年代初的经济大萧条和第二次世界大战这两者共同的作用对西方国家造成巨大打击：城市遭受重创，建筑遭到大规模破坏；同时随着失业人数上升和农村人口涌入城市，产生大量贫民窟，造成生活条件差、交通堵塞、环境恶劣、治安混乱等社会问题。但同时期战后的工业却得到快速发展，许多城市产业结构重新调整，世界经济逐渐复苏，西方国家开始了大规模的旧城改造运动，正式开启了城市更新的序幕。可以看出"二战"是现代意义上城市更新的分水岭。"二战"前城市基本是以一种自发且缓慢的程度进行自我更新；"二战"后随着工业革命的进步，经济快速发展，城市化水平提高，城市病的加深，城市亟须更新改造以适应自身的发展。而城市更新作为救治城市病的方式之一，帮助城市自我修复，是城市发展的重要手段。

1.1.2 概念提出

"城市更新"概念的正式提出是在1958年8月荷兰海牙召开的城市更新研讨会上，指出城市更新是生活在都市的人基于对自己所住的建筑物、周围环境或者通勤、通学、购物、游乐及其他生活更好的期望，为形成舒适生活以及美好市容，进而对自己所住房屋的修缮改造以及对街道、公园、绿地、不良住宅区的清除等环境的改善，尤其是对土地利用形态或地域地区制的改善、大规模都市计划事业的实施等所有的都市改善行为。在当时，城市更新可以简单理解为将城市中不适应人们生活居住的建筑和环境做适当改造的行为。

这一时期的城市更新主要针对外在物质层面的改善，随着城市的发展，城市问题层出不穷，许多学者对城市更新有了更深入的探讨。

1.1.3 我国学者的观点

我国著名学者吴良镛院士在1980年主持的什刹海规划研究中，从城市保护和发展的角度提出"城市有机更新"理论，后在1987年进行的北京菊儿胡同住宅改造工程中得到实践。所谓"有机更新"即采用适当规模、合适尺度，依据改造的内容与要求，妥善处理目前与将来的关系，不断提高规划设计质量，使每一片区域的发展达到相对的完整性，这样集无数相对完整性之和，促进了北京旧城的整体环境改善，达到有机更新的目的。"有机更新"理论体现了中国特色的规划理念，城市到建筑，整体到局部，如同生物体一样和谐统一，有机联系，相互依存。

长期从事城市更新研究工作的阳建强教授在《城市更新》一书中提出：城市更新作为城市自我调节或受外力推动的机制存在于城市发展之中，其主要目的在于防止、阻止和消除城市的衰退，通过结构与功能不断地相适调节，增强城市整体机能，使城市能够不断适应未来社会和经济发展的需要。其中也表达了城市更新不仅仅是局部的提升改造，更是与周边环境的融合与协调，从而共同促进城市整体机能的完善与发展。

从我国整体城市更新实践与发展可以看出，早期的城市更新研究主要是从物质表象着手进行改造，到近期更注重对经济、文化、历史、环境、民生等多方位深层次的综合考量；城市更新不应该仅是物质层面的改造，还应该深入系统地研究城市功能的内涵，根据自身特点实现城市持续、健康、安全、和谐的高水平永续发展。

1.2
国际城市更新历程

　　城市化是社会经济发展的结果，也是推动城市全面进步的动因，但同时城市化进程越快、城市化水平越高，所产生的城市病在一定程度上也会加重。许多西方发达国家在经历城市化变迁的过程中，城市更新也经历了从最开始大规模拆除重建、单一新增住房等简单、快速发展阶段，到关注住宅品质、改善居住环境、振兴经济、提高就业等谨慎改良阶段，再到如今政策法规引领、公众全民参与的提升人居环境、促进产业升级、完善功能结构、增强城市活力等全面、系统、综合的崭新阶段。

　　纵观国际城市更新的发展历史，自"二战"后大规模城市改造运动开始，城市更新历程大致可分为四个阶段（图1-1）。

图1-1　国际城市更新历程

1.2.1　20世纪40—50年代——以物质环境改造为主的城市重建阶段

　　"二战"过后，受到战争和经济衰退的双重影响，西方许多城市百废待兴，英、法、德、美等国相继开展了以重建中心城区和清理贫民窟为主要内容的大规模城市更新运动。这一时期的城市更新方式主要以物质环境改造为单一目的，对战争中遭到损坏的建筑进行拆除重建，对先前农村人口涌入城市产生的贫民窟进行清除，对老化的基础设施进行改造，对造成交通拥堵的道路进行拓宽等。当时的政府通过将贫民窟推倒铲除，将贫困居民转移外迁，用腾退的土地新建多层居民区以满足战后激增的住房需求，达到美化城市面貌和增加地方税收的目的。

　　拆旧建新和设施改造基本解决了当时住房条件差的问题，但贫民窟的清理却没有达到政府预想的结果，反而为城市病埋下了更深的隐患。郊区新建住宅让原住民外迁，但同时外迁居民的安置工作进展缓慢，人民的生活反而变得更加糟糕，卫生条件恶劣、治安问题严重、社会不稳定因素加剧、贫富差距拉大，以前融合的邻里关系被割裂。

1.2.2 20世纪60—70年代——以恢复邻里关系的城市振兴阶段

随着工业革命的进一步延伸，西方国家经济快速恢复，20世纪60年代是西方国家经济迅猛发展的黄金时代。在经历了上一轮大规模新建和贫民窟清除之后，高速发展的经济导致城市规模继续扩大，城市人口激增、城市化加剧，引发城市进一步膨胀。机动车猛增加剧交通负担，工业发展引发环境污染，中心城区居住优势减弱，导致部分城市人口向郊区转移，以追求生活品质更好的居住环境；城市出现逆城市化现象，中心城区开始衰退。城市规划的研究者开始注意到影响城市均衡发展的不光是物质层面的老化问题，更重要的是区域、经济、社会结构的衰退问题，解决这些问题才是城市更新的根本方向。这一时期的城市规划开始注重对弱势群体的关注和邻里关系的修复，强调被改造社区的居民应该享受更新带来的社会福利和公共服务。

这一阶段的城市更新虽然依旧延续了拆旧建新的模式，但人们不再单纯考虑物质和经济因素，而是将就业、教育、医疗、卫生、安全等社会福利纳入城市更新的政策中，通过制定综合的解决方案以提高整体社会的福利水平，促进城市的发展振兴。

1.2.3 20世纪80—90年代——以市场为导向的城市再开发阶段

20世纪70年代末的逆城市化现象愈发严重，传统工业的衰退导致大批工厂企业倒闭或迁往郊区，中心城区人口大量流失，城市中出现大量废弃的土地和闲置的房屋，内城区域活力减退，经济萧条，环境质量下降，形势日趋恶化。政府意识到城市问题的复杂性和城市病的顽固性，城市更新转变为以市场为导向，以私有企业为主要角色，以房地产开发为拉动经济的主要方式，获取内城经济增长的再开发阶段。这一阶段政府和私企联手合作，政府出台激励政策为私企提供宽松的投资环境和税收优惠，私企提供资金在荒废的土地上进行房地产开发，修建大量商业、办公、高档公寓和娱乐设施，从而恢复内城功能以吸引中产阶级的回归，并有效刺激城市经济增长。

这一时期，人本主义思潮在城市规划领域占据重要地位，强调城市规划首先应该关注人的需求，而公众参与是人们直接表达诉求的最佳方式。到了90年代中后期，城市更新更提倡政府、私企、公众的三方协作伙伴关系，强调城市更新的内涵是社会、经济、环境等多方面深层次的综合更新。

1.2.4 2000年至今——以可持续发展为重点的城市复兴阶段

进入21世纪，世界经济体系由工业化逐渐向信息化转变，全球经济和科学技术飞速发展，人类的生产方式和生活方式发生了巨大改变，这也导致城市问题变得复杂且多样。如何使城市在保持自身健康发展的同时，在国际竞争中也能占据重要地位，以应对全球经济秩序重组带来的政治、经济、环境等压力，成为各国政府实施城市更新策略的主要方向。基于对以前更新改造实践的反思，城市更新开始与可持续发展思想合流，出现了更加注重人居环境和社区可持续更新发展的取向。人们深刻地认识到，城市更新不仅是物质环境的表象更新，更应该从社会、经济、文化、生态、民生等多维度，综合治理城市发展问题。这一阶段的城市更新活动，摒弃了大拆大建，改造利用城市中现有建筑和土地，增加地块的混合功能，避免城市过度扩张；利用先进技术修复被污染的环境，重塑自然生态系统；使用科技手段营造出更舒适健康的生活、工作和休闲设施，提高人们的生活品质；大力发展新兴产业帮助城市转型，利用工业遗址进行旅游开发，重新恢复老工业区活力；更加注重历史文化遗产的保护和修缮，使之成为城市自身独特的身份标签。强调以人为本和可持续发展的理念，是这一城市更新阶段的核心要素，更新改造活动都基于城市自身特点，并回归本真，具有典型的城市复兴特征。

1.3
我国城市更新历程

随着1949年中华人民共和国的建立，我国的城市建设逐渐步入正轨。经过几十年的快速发展，我国的城镇化发展水平已经从高速增长转向中高速增长，进入以提升质量为主的转型发展新阶段（图1-2）。

图1-2　我国城市更新历程

1.3.1　1949—1978 年，改革开放以前，计划经济体制下的建设改造

中华人民共和国成立初期，在"变消费城市为生产城市"的方针指引下，全国各项城市工作围绕迅速恢复和发展生产为主，之后我国城市开始了大规模工业建设，新增大批城市和工业区。庞大的工业建设需要巨大的人力和物力，工矿企业招收大批农民进城，使城市人口陡增，住房供给不足，城市基础设施压力增大。这一时期城市建设工作的主要任务是解决城市职工住房紧缺问题和改善基本生活设施落后的问题。

1.3.2　1979—2017 年，改革开放以后，市场经济体制下的更新改造

1978 年 12 月召开的中共十一届三中全会，确立了改革开放政策，开辟了中国特色社会主义道路，我国的经济体制由计划经济向市场经济转变，城市建设也随着经济体制改革迈向新阶段。这一时期，城市规划法律法规逐步建立并完善，土地的使用权可依法进行有偿出让和转让，城市发展建设的主体由政府转为多方协作，经济建设的资金来源也呈现多元化。1979 年 12 月第一个商品房住宅小区"东湖新村"在广州开工建设，同时也是第一个引进外资开发的住宅项目，标志着国内房地产市场的开启。随着城镇住房制度改革，单位福利分房的时代结束，全国开始了以房地产开发为主导的住宅建设和棚户区改造活动。对老旧城区人口密集、居住条件差、环境破败、设施落后的地区进行综合整治与改造，并拓展城区周边用地新建住宅区安置拆迁的居民，以改善旧城区的环境面貌，提升城市形象。

1.3.3　2018 年至今，中共十九大以来，新形势下推动城市高质量发展的更新行动

40 年的高速发展使我国在各方面都得到了前所未有的进步，衰败落后的城市

面貌得到改变，城市的综合素质得到提升，人民的生活品质得到提高，但同时快速的增长、无节制的开发，给社会、经济、环境等城市病埋下了隐患。在新的发展时期，党和国家领导人充分认识到城市发展规律，党的十九大明确提出实施城市更新行动。推动城市高质量发展，实施城市更新行动，总体目标是建设宜居城市、绿色城市、韧性城市、智慧城市、人文城市，不断提升城市人居环境质量、人民生活质量、城市竞争力，走出一条中国特色城市发展道路。

1.4
国外城市更新典型案例

国外部分城市经过半个多世纪的城市更新活动，已经形成了相对成熟和完善的政策机制、法律保障、更新理念和改造模式，累积了丰富可行的更新经验，在城市空间、建筑群落、工业遗址、历史城区、交通枢纽等方面造就了一批具有国际影响力的城市更新经典案例。

1.4.1 英国伦敦金丝雀码头

金丝雀码头位于伦敦东南方向的道格斯岛，未开发前距离伦敦市中心较远且没有可直达的公共交通，码头本身的条件已不适应国际航运的发展，从20世纪60年代开始衰落，当时政府施行的城市再开发和新城建设等城市改造方式并不适用于此，码头一度面临荒废的局面，到1980年停止运营正式废弃。1980年英国政府颁布法案，城市投资开发公司这一新型机制出现，"伦敦码头区开发公司"应运而生。政府授予了码头区开发公司独家开发控制规划权等多项特权，为其开展工作提供了背书，其中"企业特区"政策的制定，为码头区重新发展带来了契机。规划控制宽松、免征物业税、企业的税收负债可以冲抵资本投入，这些史无前例的特殊优惠政策，让大批本想投入富裕地区的资本转向码头区。企业特区的经营权为十年，这就要求特区在有限的优惠期内形成自身的优势和增长点，以保证在优惠政策结束后能够持续成长。

从码头区开发公司成立起，其就清晰地认识到刺激经济复苏是振兴码头区的中心任务，因此对其制定了明确的发展目标，主要包括提升整体形象为持续开发建立信心，提升交通能力使其与伦敦其他地区具有同等水平，提升居住和配套设施品质为人们提供多样住宿选择。金丝雀码头开发的总体战略是以改善基础设施为框架，构建区域内外的紧密交通联系，通过灵活开发、多样开发和集中开发，形成区域复兴的长期模式。大力投资交通基础设施建设，一体化交通模式和立体化交通体系相结合。两条穿越用地的轨道交通线路对金丝雀码头的开发至关重要，使得此区域的可达性增强并直接带动了区域的快速发展。通过对交通要素与空间的整合，利用建筑与站点的结合，以及站点与开放空间的结合，做到了地下的地铁、地面的车行和人行、地上的轻轨系统的高效协同，避免了对城市形态的割裂，形成了快速、高效的三维立体交通体系。

推行住宅计划，提供多样性居住条件，达到职住平衡。金丝雀码头的业态主要以总部办公为主，其中金融业客户又占据三分之二，这部分高端商务人士希望能有高品质的住宅。同时与总部办公相配套的服务、娱乐、教育、培训等行业也提供了大量就业岗位，码头区的就业人数在30年期间增长了近10倍。为避免居住与工作分离出现的城市病问题，且意识到解决居住和解决就业同样重要，码头区开发公司推行了一揽子住宅计划，中后期将金丝雀码头的周边地块也纳入改造中，在核心区建造高档公寓和酒店，在周边区域建造普通住宅及公共住宅；从商品房到平价房，从房产销售、公寓出租到公共住宅，从购买的资金资助到为现有住宅提供修缮支持。周边的住宅计划为商务人士、普通家庭、低收入人群创造了多样性的居住选择，有效减少了区域内的人口流失，为金丝雀码头的稳定发展提供了保障。

通过设计手段达到延续历史，利用景观手法恢复生态水系。金丝雀码头位于伦敦重要的城市空间发展轴线上，这条轴线西端是代表悠久历史的伦敦塔桥，东端是代表城市新生的千禧穹庐。城市设计将作为主要空间构架的东西向中轴线与格林威治轴线在平面上完全重叠，中轴线上的开放空间同时作为一个大尺度的视觉通廊，联系伦敦塔桥和千禧穹庐，空间和视线的双重整合实现了与伦敦城市历史的完美融合。设计保留了原有水系的大形态，通过填埋和开挖建设用地，将水系和空间布局重新整合，在强化用地自然环境特征的同时创造新的滨水空间。由于绝大部分建筑都沿水系布置，直线条的建筑界面将滨水用地切割成规则的带状，略显呆板，但是景观设计通过滨水用地、绿地、建筑界面以及娱乐休闲功能的结合，将水系和重要空间节点整合起来，同时通过公共步行交通形成连贯的滨水步行系统，成功地创造了宜人的滨水空间。

历经40余年的改造和发展，金丝雀码头已成为集金融、商务、教育、酒店于一体的重要城市空间，并升级成为世界级的金融产业和商务办公集群，成为伦敦甚至是欧洲的新金融中心。如今金丝雀码头已被世界公认为城市基础设施建设和推动城市更新改造地区的典型成功案例（图1-3）。

图1-3　英国伦敦金丝雀码头

（摄影：刘京）

1.4.2 德国鲁尔工业区

鲁尔工业区位于德国西部的北莱茵 - 威斯特法伦州，具有丰富的工业遗产更新经验。它曾是德国最大的工业区，重工业一度非常发达并促进了当地城市的繁荣。"二战"结束后，鲁尔工业区的工业成为西德战后经济重建的重要基础，然而其传统工业模式的产业结构过于单一、煤炭需求的下降和石油危机、环境污染和交通堵塞等一系列问题，对鲁尔工业区的发展造成了巨大冲击。工业的衰退留下了大量废弃的煤矿和空置工业建筑等，如何处理这些工业遗存，成为鲁尔工业区重要的问题。

20世纪80年代末，鲁尔工业区开始通过国际建筑展（IBA：International Building Exhibition）计划，对区域的工业结构转型、旧工业建筑和废弃地改造和重新利用、当地自然和生态环境的恢复以及解决就业和住房等社会经济问题，给予系统的考虑和规划。概括来说，鲁尔工业区的工业遗产更新主要有以下特点。

（1）开发模式的创新性与丰富性

鲁尔工业区创新性地将工业建筑、设施、矿区等的更新改造与旅游开发、区域复兴等措施相结合，通过规划"工业遗产旅游之路"，重新发现了工业遗存的特殊历史文化价值。"工业遗产旅游之路"是德国鲁尔工业区于1998年规划的一条覆盖整个鲁尔工业区、贯穿区内全部工业旅游景点的区域性游览路线。

在旅游项目的设计上，鲁尔工业区根据工业遗产类型的不同，采取了多种方式，开发形成了丰富的更新模式，概括为以下四类：一是博物馆开发模式；二是休闲、景观公园开发模式；三是将工业设施改为购物娱乐中心；四是传统的工业区转换成现代科学园区、工商发展园区、服务产业园区等。

（2）转型策略的因地制宜

根据遗产现状的不同，鲁尔工业区采取了不同的转型策略。一是对于具有保护价值的优秀工业遗产，采取谨慎更新的策略，例如2001年被列入联合国世界遗产名录的关税同盟（Zollverein）煤矿综合体，其工业建筑本身是具有包豪斯风格的现代建筑经典之作。关税同盟的转型策略是在保护的基础上，进行微更新，从而使其成为鲁尔工业区的重要文化设施。二是与城市融合的批判重构。例如杜伊斯堡内港，它紧邻历史旧城，并因水系而与众不同，它的首要任务不是保护，而是合理利用河道景观资源，让整个内港区域与城市有效衔接，融入城市，从粮食码头转型为服务业为主导的混合城区。三是在保留城市记忆的基础上，完全新建的策略。例如多特蒙德凤凰钢铁厂东区，它远离城市中心地区，随着工厂的搬迁与拆除，区域上并没有留下太多工业的遗迹。设计者将钢铁厂底部的土壤挖掘出来，打造成湖面作为城市的核心要素，保留了原来的一个高炉并采取了具有工业元素的细部设计，使其转变为一个品质居住区，实现了一种全新场景的营造。

（3）运作模式的创新

鲁尔工业区在更新过程中的区域管理和社会组织上都进行了有效的创新。首先，它成立了跨区域的管理机构，例如国际建筑展——埃姆瑟公园项目责任有限公司、鲁尔工业区最高规划机构——鲁尔矿区开发协会等。这些区域性机构可以促进不同区域、不同部门的有效协调，方便政策法规的实施。同时，采取了"自上而下"和"自下而上"相结合、公共和私人部门等多角色参与和协调的更新方式，尊重并听取不同利益团体的意见，使得更新结果既符合政府统一的原则，也满足了公众的切实诉求，增加了各方的参与感和归属感。

（4）更新原则的统一

鲁尔工业区在IBA国际建筑展的驱动下，具有统一的更新原则。虽然具体到每个项目有不同的操作方法，但是各区域都遵循着统一的更新原则和目标，在不断调整局部目标的同时可以保持整体的和谐，这帮助不同区域树立了统一的形象，该形象对区内各城市间的相互协作及对外宣传，具有重要的作用。

经过综合整治，鲁尔工业区的产业结构由单一的重工业逐步向服务业和高科技产业发展，当地的环境污染问题也得到了很大程度的改善。经过多年的改造，该地区成为独具特色的博物馆和休闲区，经济重新走向繁荣，鲁尔工业区的涅槃重生无疑为世界提供了一个独特的范本（图1-4）。

图1-4　鲁尔工业区更新后现状

（摄影：王璐）

1.4.3 丹麦哥本哈根滨水区公共空间

哥本哈根是丹麦的政治、经济和文化中心，在全球化和后工业时代浪潮的发展背景下，哥本哈根经历着巨大的经济转型，曾经大量的工业厂房、港口码头被淘汰废弃，使得城市面貌亟须改善提升。哥本哈根于1989年开始探索城市更新之路，经过20多年的发展，其在城市更新方面取得了巨大进步和成就，为其他国家提供了优秀的示范借鉴意义。

哥本哈根拥有丰富的水资源，长约12km的海港自北向南贯穿市区，城市与水的关系十分密切，城市滨水区的更新将极大地影响城市面貌和人民生活。2000年哥本哈根开始实施"水之城"的整体改造，重点打造12km的滨水空间带。更新主要包含两方面内容：一是带动滨水区域经济转型的、以建筑群更新建设为主的基础设施建设；二是提升市民生活质量的、以休闲娱乐功能为主的户外滨水公共空间更新。

以不同层次的亲水体验打造"人"的滨水空间。哥本哈根的滨水空间更新以打造"人的滨水"为核心理念，重点考虑市民多样化的亲水活动需求。根据市民亲水体验的深浅程度划分不同层次的滨水区域：自水岸向水中依次划分为活动区、步道区、水边区和水中区，其中活动区是浅层次亲水活动的主要区域，包括滨水公园、公共空间以及建筑周边的开敞空间；步道区是连接深、浅亲水活动的过渡区域，整体纳入城市慢行系统；水边区是深层次亲水活动的承载地，建设大量的亲水活动设施，如跳水台、水上运动场、水上游泳池等空间；水中区是最深入水体的部分，未来将结合前沿水科技打造人工岛屿，发挥科技、教育、动植物栖息的作用。四区共同构成哥本哈根滨水空间骨架，市民可根据自身需求选择不同层次的亲水活动，大大提升滨水区的人气活力（图1-5）。

将传承与创新结合，打造新旧交融的滨水岸线。哥本哈根滨水区历史上是重要的货物运输码头，随着经济结构的不断变化，原有工业作业区逐渐被废弃，但场地内遗存的工业设施仍是宝贵的历史文化资源，见证了哥本哈根港口的工业发展和历史变迁。因此滨水区更新充分尊重场地原有遗迹，利用保留的船桩、铁轨、石头路面，结合现代景观设计手法布置钢轨廊架、塔式起重机廊道等小品，极大地增加了滨水区的历史底蕴和空间趣味。此外，滨水区域游览以改造后的传统历史景点为中心，通过建立新的滨水现代景观连接传统景点，实现滨水岸线的新旧串联和延伸。

设计开放通达的滨水步道，纳入城市慢行系统。哥本哈根被称为"自行车之

图1-5　哥本哈根多层次滨水区域

（摄影：刘京）

城"，城市为鼓励慢行而设置安全、便捷、舒适的街道空间。滨水区的改造将慢行步道纳入城市整体慢行系统之中。首先，滨水区更新利用周边原有公共交通和慢行系统将滨水区与其他区域有机相连，构建15min慢行可达的滨水空间。其次，滨水区设置专门的步道区，步道区宽约15m，兼顾步行和自行车道并关注无障碍通行设施，交通站点处设置乘客换乘的活动场地和自行车、机动车停车场。步道串联各滨水活动区及建筑空间，构建供市民散步、慢跑、骑车健身和游憩观赏的慢行系统，使滨水区成为城市重要的慢行通道和出行目的地。

关注水体治理，打造绿色低碳水岸。哥本哈根旨在2025年建成世界首个碳中和城市，其城市更新尤其强调绿色低碳可持续理念。因此，滨水区的更新主张以自然为依托，利用和适应自然性来创造人的生存环境。滨水步道保留自然土壤铺地和原始植被，没有过多人工雕饰。其次，治理水体是滨水空间生态环境关注的重点，哥本哈根政府从20世纪90年代开始对海港实施减少水体污染和洪水防治的水质改善计划，并采用自动监视系统对水质随时进行监控检测，通过城市水净化技术，旧的工业港成为休闲生活港，而水体治理的探索实践也推动了本土清洁技术产业的发展。目前城市的清洁技术企业已形成哥本哈根清洁技术集群，成为哥本哈根发展碳中和的技术储备库，为水体治理和改善提供专业技术支持（图1-6）。

哥本哈根的滨水更新是经济转型升级的产物，也是人民生活提升的需求。其滨水区的更新充分诠释了以人为本的滨水空间需要真切关注使用者的亲水需求，创造全民可享的滨水休闲胜地。滨水区的更新联动水岸特色建筑、滨水公共空间、水上休闲活动和海洋科技教育，整体打造多元开放、极具人气的城市滨水空间，既进一步推动哥本哈根的经济产业升级，又助力碳中和目标的早日实现。其活力开放的滨水空间已成为哥本哈根新的城市名片，也为其他城市滨水区的改造提供重要的借鉴意义。

图1-6 哥本哈根绿色水岸及清洁产业

（摄影：刘京）

1.4.4 日本东京品川站及大丸有区域更新

日本东京通过对以地铁车站为中心的高密度开发，提高城市绿色出行便利性和运送转换能力，增强区域交通网络化，同时高度复合功能及文化设施，创造城市繁荣和魅力，打造城市集散地标。

（1）品川站东口开发——TOD更新助力准工业用地变身CBD核心区域

品川是JR山手线、京滨东北线与中距离列车东海道线、横须贺线的换乘站，也是私铁京滨急行线的起点。20世纪80年代后期日本国铁的民营化改革，品川站东口被售卖给民营资本。由于轨道线路分割，彼时车站东西两侧联系较弱，定位差异大，西侧为高档居住区，东侧为地铁车辆基地。为了解决以上问题，整体用地分为两期开发，引入包括项目权利人、行政管理方和规划设计顾问在内的多方合作机制，保障民营企业公平开发的同时寻求项目开发定位和容积率之间的平衡。为保证盈利，政府出台《再开发地区规划》，通过一定的容积率奖励，将两个地块的公共空间沿中轴线布置为共享绿地，并与站前广场串联，为周边地块提供了舒适的采光和通风环境；围绕站前广场打造与品川站2层站厅及周边建筑同标高相连的无障碍步行平台，并利用建设JR东海线品川站的机会，新建东西向穿越车站内部的通道连接步行平台，真正实现了轨道交通车站与周边建筑的无缝衔接（图1-7）。

以轨道交通修建维护为契机，对轨道交通沿线城市片区进行更新，通过对沿线进驻的企业、大学、文化设施、住宅用地等进行综合改造，提高周边城区品质，创立品牌效应，继而为这一品牌的持续成长对沿线街区进行长期的经营管理。

（2）大丸有地区——日本最重要CBD的再更新历程

大丸有地区指东京大手町、丸之内和有乐町三个片区，是东京火车站所在地，也是日本最重要的CBD之一。伴随日本经济高速增长期，20世纪60年代的大丸有地区通过更新改造正式建成当时国际先进水平的CBD区。泡沫经济后期，随着《城市更新特别措施法》出台，大丸有地区被指定为城市更新紧急建设区域，开发建设限制放开，最大限度激发民营资本与政府合作对大丸有地区进行再开发。为了解决大手町地区高密度老旧办公楼更新困难的问题，政府联合各方出台《连锁型城市更新计划》，将同一区域内可利用的基地作为再开发起点并建设新建筑，然后将周边老建筑用地内的土地权利人搬迁至新建筑，最后对空置的老建筑及其用地进行更新开发，如此循环更新，并制定了严格的政策和奖励机制确保《更新计划》的持续。此外，根据《大丸有地区城市建设导则》，明确要求每栋建筑的开放空间和地下通道连成网络，搭建地面、地下步行系统，确保建筑底层与轨道交通站点联通，扩大车站影响力。此外，鉴于大丸有地区复杂的历史文脉，再更新进程也纳入了历史文化保护的议题。如始建于1908年的东京站丸之内站，作为日本文化遗产，自1955年起就不断迭代更新方案。针对车站建筑，修复后的车站内将保留原有的车站和酒店功能以及后期的画廊功能，JR东日本公司将出口、检票口和柜台等设施保留在原有南北穹顶下和车站中庭三个位置。站长办公室和类似设施的功能也尽量原地保留，有效利用其历史价值并将这些功能最大化传递给大众。地下部分新建两层建筑框架，配套停车场、机房、车站运行设施等。针对地面广场改造，注重协调站前广场与城市规划道路、酒店和车站泊车会车场、社会车泊车

图1-7　品川站东口开发

回车广场以及中轴公共步行广场之间的流线关系，并确保景观的尺度宜人和细节品质（图1-8、图1-9）。

图1-8　东京站八重洲站和丸之内站及周边鸟瞰图

图1-9　东京站丸之内站改造成果图

1.4.5 西班牙巴塞罗那波布雷诺区

巴塞罗那波布雷诺区在19世纪末曾是巴塞罗那工业革命的中心，该地区是集中了酒类、纺织、建材和金属等行业的多种工业集群，被称为"加泰罗尼亚的曼彻斯特"。随着全球产业转型的推进，该地区大量企业破产或被迫迁出，城市产业空置，城市环境恶化，急需脱胎换骨。因此，巴塞罗那政府在20世纪90年代申奥成功后，针对波布雷诺区产业缺失和环境恶化的痛点，在保留原有工业文化记忆的前提下，通过基础设施重建和产业架构搭建，成功地完成了区域转型升级，并更名为"22@创新区"，成为创新经济区、欧洲创意街区范本。

创新区在改造中借助方格路网特性，将每个街区作为基础"创新单元"，通过城市规划、建筑改造、产业升级等措施实现职住平衡、土地集约和配套完善的城市复合街区模式。随着改造计划的实施，对基础设施网络的需求日益明显，而基础设施的升级和公共空间的优化，保障了居民日常生产生活的舒适度和便捷性，激发了社区建设自发衍替的活力。

政府专门出台《巴塞罗那波布雷诺地区市政基础设施计划特别法案》(*Special Infrastructures Plan Poblenou District, Barcelona Regulations*)对市政基础更新进行限定。对市政基础的分类权责、高速公路城市化项目、一般工程项目、管理和执行及既有市政基础法律的基本情况进行阐明；附件部分则为法律条文内容，从一般情况、高速公路城市化标准和街区内庭三部分进行限定。

在政策的指导下，从城市和街区两个角度对市政基础设施进行了高品质的更新实践：①城市更新，包括铺设全新的能源管道、下水道，改善供电系统、水循环系统、垃圾回收系统，建造便捷可达交通设施等；②街区更新，包括建造中央机房及内部电路、能源系统、供电系统、中央空调网络、建筑空调网络、保温隔热系统、太阳能系统、电信基础设施、给水排水设施、垃圾回收系统、街道清洁系统和停车场设施。整个改造项目通过植入更便捷多样的交通网络、更优美的城市景观和更完善的社会配套，使波布雷诺区重塑了传统工业区机理，更加智慧地利用了城市土地，并激发出该地区土地交易与职住更新的潜力（图1-10）。

| 新交通设施 | 公共区更新 | 新能源网络 |

| 选择性废气收集装置 | 新冷暖风系统 | 地下通道 |

图1-10　市政基础设施更新

图片来源：22@Barcelona，the innovation district，链接：https://www.brookings.edu/wp-content/uploads/2016/07/06_barcelona_22_presenation.pdf.

参考文献

[1] 姚震寰.西方城市更新政策演进及启示[J].合作经济与科技，2018（18）：16-17.

[2] 吴良镛.北京旧城与菊儿胡同[M].北京：中国建筑工业出版社，1994.

[3] 阳建强.城市更新[M].南京：东南大学出版社，2020.

[4] 王强.伦敦码头区开发案例研究[R].个人图书馆，2016. http：//www.360doc.com/content/16/ 0127/10/22548411_530863796.shtml

[5] 张晓莉.城市记忆与工业遗存[J].国际城市规划，2007（3）：72-74.

[6] 唐燕.鲁尔工业区棕地复兴策略[J].国际城市规划，2007（3）：66-68.

[7] 蔡永洁，张溱.德国鲁尔工业区工业遗存的三种转型策略 埃森关税同盟、杜伊斯堡内港和多特蒙德凤凰湖的经验[J].时代建筑，2019（3）：158-162.

[8] 郑晓笛.三个各具特色的德国工业遗产地[J].北京规划建设，2011（1）：140-153.

[9] 卢永毅，杨燕.化腐朽为神奇——德国鲁尔工业区产业遗产的保护与利用[J].时代建筑，2006（2）：36-39.

[10] 金海燕.人的滨水——哥本哈根滨水空间开发建设理念[J].城市发展研究，2014（8）：21-28.

[11] 同济大学建筑与城市空间研究所，株式会社日本设计.东京城市更新经验：城市再开发重大案例研究[M].第1版.上海：同济大学出版社，2019.

[12] 沈湘璐.部分南欧国家城市更新研究[D].天津大学，2017.

[13] Imma Mayol i Beltran.22@.Sant Martí District. Barcelona[R]. Districlima，2011：30.

[14] 日建设计站城一体开发研究会.站城一体开发：新一代公共交通指向型城市建设[M].北京：中国建筑工业出版社，2014.

第 2 章

我国城市更新政策

概述

2020年10月29日，中共十九届五中全会通过的《中共中央关于制定国民经济和社会发展第十四个五年规划和二〇三五年远景目标的建议》，明确提出要实施城市更新行动。科学把握城市发展规律，准确研判我国城市发展新阶段新要求，对进一步提升城市发展质量作出了重大决策部署。实施城市更新行动，推动城市结构调整优化和品质提升，转变城市开发建设方式，对于全面提升城市发展质量、不断满足人民日益增长的美好生活需要、促进经济社会持续健康发展，具有重要而深远的意义。

2022年1月举行的"全国住房和城乡建设工作会议"指出：将实施城市更新行动作为推动城市高质量发展的重大战略举措，从健全城市体系、优化结构布局、完善城市功能、管控建设底线、提升居住品质、提高运行效能、转变发展方式这七个层面推进城市更新工作。在省级层面全面开展城市体检评估，指导各地制定和实施城市更新规划，有计划有步骤推进各项任务。会上明确提出防止大拆大建，为精细化城市更新发展进程奠定了基调。

2023年5月，住房和城乡建设部召开推进城市基础设施生命线安全工程现场会，会议要求：城市基础设施生命线安全工程，是城市更新和新型城市基础设施建设的重要内容。年度工作目标是：在深入推进试点和总结推广可复制经验基础上，全面启动这项工作。重点任务包括：开展城市基础设施普查，建立覆盖地上地下的城市基础设施数据库，找准城市基础设施风险源和风险点，编制城市安全风险清单；推进配套建设物联智能感知设备，逐步实现对城市基础设施生命线运行数据的全面感知、自动采集、监测分析、预警上报；加快城市基础设施监管信息系统整合，在城市运行管理服务平台上搭建综合性的城市基础设施安全运行监管平台，推动城市基础设施生命线运行"一网统管"；完善风险隐患应急处置流程和办法，落实工作责任，建立健全工作机制，切实防范化解风险。

2023年7月，住房和城乡建设部发布关于扎实有序推进城市更新工作的通知，提出坚持城市体检先行，发挥城市更新规划统筹作用，强化精细化城市设计引导，创新城市更新可持续实施模式，明确城市更新底线要求、防止大拆大建。

习近平总书记在党的二十大报告中强调，坚持人民城市人民建、人民城市为人民，提高城市规划、建设、治理水平，加快转变超大特大城市发展方式，实施城市更新行动。其总体目标是建设宜居城市、绿色城市、韧性城市、智慧城市、人文城市，不断提升城市人居环境质量、人民生活质量、城市竞争力，走出一条中国特色城市发展道路。

截至2022年，我国城镇化率为65.22%，已进入城镇化的中后期，城市发展进入城市更新的重要时期，由大规模增量建设转为存量提质改造和增量结构调整并重阶段。

开展城市更新已成为实现新型城镇化高质量发展的重要途径，也成为新一轮城市竞争力打造的关键。随着城市更新的需求不断强化，从"棚户区改造"到"老旧小区改造"再到"实施城市更新"，中央及各地方政府对城市更新的认识与推动正在不断深入。

2.2

主要政策汇总

城市更新涉及城市社会、经济和物质空间环境等诸多方面，是一项综合性、全局性、政策性和战略性很强的社会系统工程。其中政策法规体系是城市更新系统规划的制度保障，一般涉及的形式有法律法规、政策制度、技术标准、操作规程等。另外中华人民共和国住房和城乡建设部总结城市更新试点城市和各地经验做法，形成"可复制经验做法清单"，以便各级城市快速有效地借鉴先进经验，少走弯路。从中央到地方都在通过多重渠道积极推进城市更新，希望城市更新的步子越走越稳。

国家发展改革委、住房和城乡建设部、财政部等部委机关从规划建设、基础设施、抗震防灾、绿色低碳、人居环境、专项补助等多方面，针对新型城镇化、节约集约用地、棚户区改造、老旧小区改造、既有建筑保留利用、历史文化建筑保护、工业遗址改造等多维度，发布了与城市更新相关的各类政策、制度、指导意见、技术措施等一系列文件。2021年11月住房和城乡建设部发布《关于开展第一批城市更新试点工作的通知》，决定在北京等21个城市（区）开展第一批城市更新试点工作，重点探索城市更新的统筹谋划机制、可持续发展模式和配套制度政策。

推进城市更新离不开政策指引，在地方层面全国绝大部分城市结合各地实际情况积极推进城市更新工作，制定出符合自身定位的政策举措，以规范城市更新行动。以下为国家和北京、上海、广州、深圳四大一线城市的主要城市更新政策文件（表2-1～表2-5）。

国家城市更新政策

表2-1

发布日期	政策名称/发文字号	发文机构
2013年4月8日	《国有建设用地使用权出让地价评估技术规范（试行）》国土资厅发〔2013〕20号	国土资源部
2014年5月22日	《节约集约利用土地规定》中华人民共和国国土资源部令第61号	国土资源部
2014年9月12日	《关于推进土地节约集约利用的指导意见》国土资发〔2014〕119号	国土资源部
2015年6月30日	《关于进一步做好城镇棚户区和城乡危房改造及配套基础设施建设有关工作的意见》国发〔2015〕37号	国务院
2015年12月24日	《关于深入推进城市执法体制改革改进城市管理工作的指导意见》中发〔2015〕37号	中共中央 国务院
2016年3月25日	《关于进一步做好棚户区改造相关工作的通知》财综〔2016〕11号	财政部 住房和城乡建设部
2016年7月1日	《关于开展特色小镇培育工作的通知》建村〔2016〕147号	住房和城乡建设部 国家发展改革委 财政部
2016年7月11日	《关于进一步做好棚户区改造工作有关问题的通知》建保〔2016〕156号	住房和城乡建设部 财政部 国土资源部
2016年11月11日	《关于深入推进城镇低效用地再开发的指导意见（试行）》国土资发〔2016〕147号	国土资源部
2017年3月6日	《关于加强生态修复城市修补工作的指导意见》建规〔2017〕59号	住房和城乡建设部
2018年9月28日	《关于进一步做好城市既有建筑保留利用和更新改造工作的通知》建城〔2018〕96号	住房和城乡建设部
2019年4月15日	《关于做好2019年老旧小区改造工作的通知》建办城函〔2019〕243号	住房和城乡建设部 国家发展改革委 财政部
2020年4月3日	《2020年新型城镇化和城乡融合发展重点任务》发改规划〔2020〕532号	国家发展改革委
2020年8月3日	《关于在城市更新改造中切实加强历史文化保护坚决制止破坏行为的通知》建办科电〔2020〕34号	住房和城乡建设部 办公厅

发布日期	政策名称/发文字号	发文机构
2020年12月15日	《城镇老旧小区改造可复制政策机制清单（第一批）》建办城函〔2020〕649号	住房和城乡建设部办公厅
2021年1月29日	《城镇老旧小区改造可复制政策机制清单（第二批）》建办城函〔2021〕48号	住房和城乡建设部办公厅
2021年4月8日	《2021年新型城镇化和城乡融合发展重点任务》发改规划〔2021〕493号	国家发展改革委
2021年5月11日	《城镇老旧小区改造可复制政策机制清单（第三批）》建办城函〔2021〕203号	住房和城乡建设部办公厅
2021年8月30日	《关于在实施城市更新行动中防止大拆大建问题的通知》建科〔2021〕63号	住房和城乡建设部
2021年9月2日	《关于加强城镇老旧小区改造配套设施建设的通知》发改投资〔2021〕1275号	住房和城乡建设部 国家发展改革委
2021年11月4日	《关于开展第一批城市更新试点工作的通知》建办科函〔2021〕443号	住房和城乡建设部办公厅
2021年11月17日	《城镇老旧小区改造可复制政策机制清单（第四批）》建办城函〔2021〕472号	住房和城乡建设部办公厅
2021年12月14日	《关于进一步明确城镇老旧小区改造工作要求的通知》建办城〔2021〕50号	住房和城乡建设部办公厅 国家发展改革委办公厅 财政部办公厅
2022年3月10日	《2022年新型城镇化和城乡融合发展重点任务》发改规划〔2022〕371号	国家发展改革委
2022年7月4日	《关于开展2022年城市体检工作的通知》建科〔2022〕54号	住房和城乡建设部
2022年9月23日	《城镇老旧小区改造可复制政策机制清单（第五批）》建办城函〔2022〕328号	住房和城乡建设部办公厅
2022年9月30日	《关于进一步明确城市燃气管道等老化更新改造工作要求的通知》建办城函〔2022〕336号	住房和城乡建设部办公厅 国家发展改革委办公厅
2022年11月25日	《城镇老旧小区改造可复制政策机制清单（第六批）》建办城函〔2022〕392号	住房和城乡建设部办公厅
2022年11月25日	《实施城市更新行动可复制经验做法清单（第一批）》建办科函〔2022〕393号	住房和城乡建设部办公厅
2023年5月29日	《城镇老旧小区改造可复制政策机制清单（第七批）》建办城函〔2023〕136号	住房和城乡建设部办公厅
2023年7月5日	《关于扎实有序推进城市更新工作的通知》建科〔2023〕30号	住房和城乡建设部
2023年11月8日	《实施城市更新行动可复制经验做法清单（第二批）》建办科函〔2023〕306号	住房和城乡建设部办公厅
2024年01月24日	《关于印发城市更新典型案例（第一批）的通知》建办科函〔2024〕31号	住房和城乡建设部办公厅

北京城市更新政策

表 2-2

发布日期	政策名称/发文字号	发文机构
2017年12月31日	《关于保护利用老旧厂房拓展文化空间的指导意见》京政办发〔2017〕53号	北京市人民政府
2017年12月31日	《关于加快科技创新构建高精尖经济结构用地政策的意见（试行）》京政发〔2017〕39号	北京市人民政府
2018年5月14日	《关于加强直管公房管理的意见》京政办发〔2018〕20号	北京市人民政府
2019年1月15日	《关于做好核心区历史文化街区平房直管公房申请式退租、恢复性修建和经营管理有关工作的通知》京建发〔2019〕18号	北京市住房和城乡建设委员会 北京市东城区人民政府 北京市西城区人民政府
2020年7月1日	《关于开展危旧楼房改建试点工作的意见》	北京市住房和城乡建设委员会 北京市规划和自然资源委员会 北京市发展和改革委员会 北京市财政局
2021年6月10日	《关于首都功能核心区平房（院落）保护性修缮和恢复性修建工作的意见》京规自发〔2021〕114号	北京市规划和自然资源委员会 北京市住房和城乡建设委员会 北京市发展和改革委员会 北京市财政局
2021年6月10日	《关于老旧小区更新改造工作的意见》京规自发〔2021〕120号	北京市规划和自然资源委员会 北京市住房和城乡建设委员会 北京市发展和改革委员会 北京市财政局
2021年6月10日	《关于开展老旧厂房更新改造工作的意见》京规自发〔2021〕139号	北京市规划和自然资源委员会 北京市住房和城乡建设委员会 北京市发展和改革委员会 北京市财政局
2021年6月10日	《关于开展老旧楼宇更新改造工作的意见》京规自发〔2021〕140号	北京市规划和自然资源委员会 北京市住房和城乡建设委员会 北京市发展和改革委员会 北京市财政局
2021年4月22日	《关于引入社会资本参与老旧小区改造的意见》京建发〔2021〕121号	北京市住房和城乡建设委员会 北京市发展和改革委员会 北京市规划和自然资源委员会 北京市财政局 北京市人民政府国有资产监督管理委员会 北京市民政局 北京市地方金融监督管理局 北京市城市管理委员会
2021年5月7日	《2021年北京市老旧小区综合整治工作方案》	北京市老旧小区综合整治联席会议办公室
2021年5月15日	《关于实施城市更新行动的指导意见》京政发〔2021〕10号	北京市人民政府
2021年5月25日	《关于老旧小区综合整治实施适老化改造和无障碍环境建设的指导意见》京老旧办发〔2021〕11号	北京市老旧小区综合整治联席会议办公室

发布日期	政策名称/发文字号	发文机构
2021年5月25日	《关于进一步推进非居住建筑改建宿舍型租赁住房有关工作的通知》京建发〔2021〕159号	北京市住房和城乡建设委员会 北京市规划和自然资源委员会 北京市发展和改革委员会 北京市消防救援总队
2021年6月7日	《关于完善建设用地使用权转让、出租、抵押二级市场的实施意见》京政办发〔2021〕10号	北京市人民政府办公厅
2021年8月13日	《关于做好城镇老旧小区改造工程安全管理工作的通知》京建发〔2021〕271号	北京市住房和城乡建设委员会
2021年8月19日	《北京市老旧小区综合整治标准与技术导则》	北京市住房和城乡建设委员会 北京市规划和自然资源委员会
2021年8月27日	《北京市"十四五"时期老旧小区改造规划》京建发〔2021〕275号	北京市住房和城乡建设委员会
2021年8月21日	《北京市城市更新行动计划(2021—2025年)》	中共北京市委办公厅 北京市人民政府办公厅
2021年12月1日	《北京市关于深化城市更新中既有建筑改造消防设计审查验收改革的实施方案》京建发〔2021〕386号	北京市住房和城乡建设委员会 北京市规划和自然资源委员会 北京市消防救援总队
2022年5月18日	《北京市城市更新专项规划(北京市"十四五"时期城市更新规划)》京政发〔2022〕20号	北京市人民政府
2022年8月26日	《关于促进本市老旧厂房更新利用的若干措施》京经信发〔2022〕68号	北京市经济和信息化局
2022年9月30日	《关于存量国有建设用地盘活利用的指导意见(试行)》京政办发〔2022〕26号	北京市人民政府办公厅
2022年11月15日	《北京市老旧小区改造工作改革方案》京政办发〔2022〕28号	北京市人民政府办公厅
2022年11月25日	《北京市城市更新条例》	北京市人民代表大会常务委员会
2022年11月30日	《北京市商圈改造提升行动计划(2022—2025年)》	北京市商务局
2022年12月22日	《北京市桥下空间利用设计导则》	北京市规划和自然资源委员会
2023年4月19日	《北京市既有建筑改造工程消防设计指南》(2023年版)京规自发〔2023〕96号	北京市规划和自然资源委员会
2023年8月25日	《关于进一步推动首都高质量发展取得新突破的行动方案(2023—2025年)》	中共北京市委办公厅 北京市人民政府办公厅
2023年10月16日	《关于实施办理建设工程规划许可证豁免清单的函》京规自函〔2023〕2194号	北京市规划和自然资源委员会
2023年12月29日	《北京市建设用地功能混合使用指导意见(试行)》京规自发〔2023〕313号	北京市规划和自然资源委员会
2024年1月8日	《北京市历史建筑规划管理工作规程(试行)》京规自发〔2023〕320号	北京市规划和自然资源委员会
2024年3月14日	《北京市传统商业设施更新导则》京商函字〔2024〕198号	北京市商务局

发布日期	政策名称/发文字号	发文机构
2024年3月22日	《老旧厂房更新改造工作实施细则（试行）》京规自发〔2024〕67号	北京市规划和自然资源委员会 北京市发展和改革委员会 北京市住房和城乡建设委员会 北京市经济和信息化局 北京市科学技术委员会
2024年3月27日	《老旧低效楼宇更新技术导则（试行）》京建发〔2024〕83号	北京市住房和城乡建设委员会
2024年4月10日	《北京市城市更新实施单元统筹主体确定管理办法（试行）》京建法〔2024〕1号	北京市住房和城乡建设委员会
2024年4月10日	《北京市城市更新项目库管理办法（试行）》京建法〔2024〕2号	北京市住房和城乡建设委员会
2024年4月10日	《北京市城市更新专家委员会管理办法（试行）》京建法〔2024〕3号	北京市住房和城乡建设委员会

上海城市更新政策 表 2-3

发布日期	政策名称/发文字号	发文机构
2015年5月15日	《上海市城市更新实施办法》沪府发〔2015〕20号	上海市人民政府
2016年3月30日	《关于本市盘活存量工业用地的实施办法》沪府办〔2016〕22号	上海市人民政府
2017年4月24日	《上海市土地资源利用和保护"十三五"规划》沪府发〔2017〕24号	上海市人民政府
2017年7月13日	《关于深化城市有机更新促进历史风貌保护工作的若干意见》沪府发〔2017〕50号	上海市人民政府
2017年11月9日	《关于坚持留改拆并举深化城市有机更新进一步改善市民群众居住条件的若干意见》沪府发〔2017〕86号	上海市人民政府
2017年12月15日	《上海市城市总体规划（2017—2035）》国函〔2017〕147号	国务院
2018年2月8日	《上海市住宅小区建设"美丽家园"三年行动计划（2018—2020）》沪府办发〔2018〕8号	上海市人民政府
2018年11月12日	《关于本市促进资源高效率配置推动产业高质量发展的若干意见》沪府发〔2018〕41号	上海市人民政府
2020年2月11日	《上海市旧住房综合改造管理办法》沪房规范〔2020〕2号	上海市房屋管理局 上海市规划和自然资源局
2021年1月15日	《关于加快推进本市旧住房更新改造工作的若干意见》沪府办规〔2021〕2号	上海市人民政府办公厅
2021年5月17日	《关于落实〈关于深化城市有机更新促进历史风貌保护工作的若干意见〉的规划土地管理实施细则》沪规划资源风〔2021〕176号	上海市规划和自然资源局
2021年1月27日	《上海市国民经济和社会发展第十四个五年规划和二〇三五年远景目标纲要》	上海市第十五届人民代表大会

发布日期	政策名称/发文字号	发文机构
2021年8月25日	《上海市城市更新条例》	上海市第十五届人民代表大会常务委员会
2021年9月13日	《关于加强上海市产业用地出让管理的若干规定》沪规划资源规〔2021〕6号	上海市规划和自然资源局
2022年5月21日	《上海市加快经济恢复和重振行动方案》沪府规〔2022〕5号	上海市人民政府
2022年7月8日	《上海市碳达峰实施方案》沪府发〔2022〕7号	上海市人民政府
2022年11月12日	《上海市城市更新指引》沪规划资源规〔2022〕8号	上海市规划和自然资源局 上海市住房和城乡建设管理委员会 上海市经济和信息化委员会 上海市商务委员会
2022年12月30日	《上海市城市更新操作规程（试行）》沪规划资源详〔2022〕505号	上海市规划和自然资源局
2022年12月30日	《上海市城市更新规划土地实施细则（试行）》沪规划资源详〔2022〕506号	上海市规划和自然资源局
2023年1月4日	《上海市旧住房成套改造和拆除重建实施管理办法（试行）》沪房规范〔2023〕1号	上海市住房和城乡建设管理委 上海市房屋管理局 上海市规划资源局 上海市发展改革委
2023年3月16日	《上海市城市更新行动方案（2023—2025年）》沪府办〔2023〕10号	上海市人民政府办公厅
2023年9月28日	《上海市城市更新专家委员会工作规程（试行）》沪规划资源详〔2023〕376号	上海市规划和自然资源局
2023年11月17日	《关于加快转变发展方式集中推进本市城市更新高质量发展的规划资源实施意见（试行）》沪规划资源研〔2023〕448号	上海市规划和自然资源局
2023年11月17日	《关于建立"三师"联创工作机制推进城市更新高质量发展的指导意见（试行）》沪规划资源风〔2023〕450号	上海市规划和自然资源局
2024年4月10日	《2024年上海市城市更新规划资源行动方案》沪规划资源详〔2024〕124号	上海市规划和自然资源局

广州城市更新政策 表2-4

发布日期	政策名称/发文字号	发文机构
2015年12月1日	《广州市城市更新办法》穗府令第134号	广州市人民政府
2020年2月21日	《广州市城市更新安置房管理办法》穗建规字〔2020〕14号	广州市住房和城乡建设局
2020年2月21日	《广州市城市更新项目监督管理实施细则》穗建规字〔2020〕15号	广州市住房和城乡建设局

发布日期	政策名称/发文字号	发文机构
2020年12月22日	《广州市旧村全面改造项目涉及成片连片整合土地及异地平衡工作指引》穗规划资源规字〔2020〕4号	广州市规划和自然资源局
2021年4月22日	《广州市老旧小区改造工作实施方案》穗府办函〔2021〕33号	广州市人民政府办公厅
2022年5月23日	《关于城市更新项目配置政策性住房和中小户型租赁住房的意见》穗建规字〔2022〕7号	广州市住房和城乡建设局 广州市规划和自然资源局
2024年1月9日	《广州市城市更新专项规划（2021—2035年）》《广州市城中村改造专项规划（2021—2035年）》穗府函〔2024〕8号	广州市人民政府
2024年4月8日	《广州市旧村庄旧厂房旧城镇改造实施办法》穗府令第208号	广州市人民政府

深圳城市更新政策　　　　　　　　　　　　　　　　　表2-5

发布日期	政策名称/发文字号	发文机构
2008年3月24日	《深圳市鼓励三旧改造建设文化产业园区（基地）若干措施（试行）》深府〔2008〕31号	深圳市人民政府
2016年12月12日	《深圳市城市更新办法》(修正版)深圳市人民政府令第290号	深圳市人民政府
2012年1月21日	《深圳市城市更新办法实施细则》深府〔2012〕1号	深圳市人民政府
2016年12月29日	《关于加强和改进城市更新实施工作的暂行措施》	深圳市人民政府办公厅
2016年3月2日	《深圳市城市更新项目保障性住房配建规定》深规土〔2016〕11号	深圳市规划和国土资源委员会
2016年7月12日	《深圳市棚户区改造项目界定标准》深建规〔2016〕9号	深圳市住房和建设局
2018年9月3日	《深圳市土地整备利益统筹项目管理办法》深规土规〔2018〕6号	深圳市规划和国土资源委员会
2018年12月4日	《深圳市拆除重建类城市更新单元土地信息核查及历史用地处置规定》深规土规〔2018〕15号	深圳市规划和国土资源委员会
2019年3月27日	《深圳市城中村（旧村）综合整治总体规划（2019—2025）》深规划资源〔2019〕104号	深圳市规划和自然资源局
2019年4月10日	《深圳市拆除重建类城市更新单元计划管理规定》深规划资源规〔2019〕4号	深圳市规划和自然资源局
2019年6月6日	《关于深入推进城市更新工作促进城市高质量发展的若干措施》	深圳市规划和自然资源局
2019年11月7日	《深圳市城市更新"十三五"规划中期调整文本图集》	深圳市城市更新和土地整备局
2020年12月30日	《深圳经济特区城市更新条例》深圳市第六届人民代表大会常务委员会公告第228号	深圳市人民代表大会常务委员会
2023年11月13日	《深圳市拆除重建类城市更新单元土地信息核查及历史用地处置规定》深规划资源规〔2023〕8号	深圳市规划和自然资源局

2022年在各地方政府工作报告中，都提到了与城市更新相关的内容，其中北京提出落实城市更新行动计划，有序推进老旧楼宇、老旧厂房等六大类更新项目，探索市场化更新机制，鼓励多元主体参与街区更新和商圈升级，推动形成更多示范性强、可推广的城市更新样板。上海要求强化主城区中心辐射，推动核心产业和高端资源要素集聚，推进外滩历史文化风貌区城市更新和功能提升，加快北外滩建设，推进存量建设用地盘活更新，低效建设用地减量15km²。广东省提倡重视更新的质量和人文关怀，根据更新区域特点，制定适当目标、采取适宜方式，用"绣花功夫"提升城市品质，采用微改造方式推进城市更新，坚决防止出现急功近利大拆大建等破坏性建设问题。

2022年12月在福州举办的第六届中国城市更新研讨会上发起了《中国城市更新福州宣言》，呼吁在全国城市更新领域起着主导作用的地方政府、参与具体工作和服务的企业以及广大人民群众，要正确理解城市更新的概念、内涵和目的；不能把城市更新的认知和定位停留在以城市建筑为载体的改造内容和功能革新的简单行为，而必须把城市更新提升到一个统筹兼顾、顺应城市发展规律、尊重人民群众意愿、切实维护人民群众利益的系统性民生工程上来；要以更高的定位和要求，实施高质量的城市更新行动。

2.3

政策特点

我国幅员辽阔、城市众多，各个地区的城市规模和城市化水平也不尽相同，有历史悠久的千年古都，也有快速发展的新型城镇；有千万人口的超级城市，也有人口不及百万的中小城市；有经济发达的东部沿海城市，也有经济欠发达的西部内陆城市；有以工业闻名的东北老基地，也有以新型产业为主的南方城市，因此城市更新的政策不能一概而论，应该根据城市自身特点和实际情况量身打造。

目前从北京、上海、广州、深圳这四个一线城市所发布的相关城市更新政策来看，虽然对其定义和内涵的表述不同，但目的都是改善和优化城市空间形态和城市功能，防止大拆大建，实行"留改拆增"并举，以改善和提升为主，成为各地推进城市更新的共识。各城市依据不同的更新对象和手段，提出不同的更新分类，其中北京按照更新内容细分为居住类、产业类、设施类、公共空间类和区域综合类；上海根据更新规模分为区域更新和零星更新两大类；广州根据更新形式分为微改造、全面改造和混合改造三类；深圳主要分为拆除重建类和综合整治类，其中拆除重建类更新是指通过综合整治手段后都难以改善或提升的老旧项目，需要拆除全部或大部分原有建筑，并依照城市规划进行重新建设的活动。

2.3.1 制度愈加完善

政策制度是发展保障，我国正在持续推进中央层面城市更新政策文件的出台，各地方政府也在积极研究相关法规条例，加强城市更新的顶层设计。2021年3月深圳市颁布《深圳经济特区城市更新条例》，这是我国首部城市更新的地方立法，同年7月和9月广州市和上海市也相继发布了城市更新条例的征求意见稿和正式文件。2022年11月北京市颁布《北京市城市更新条例》并于2023年3月1日正式施行。

2009年以来，广州出台了大量城市更新相关政策，形成以1个实施意见+1个工作方案+15部配套指引的"1+1+15"为主体的城市更新规划编制和实施政策体系，指导广州城市更新工作的有序开展，为广东省以及全国城市更新政策制定提供了借鉴。北京市在2021年4月密集出台了《北京市人民政府关于实施城市更新行动的指导意见》和《关于首都功能核心区平房（院落）保护性修缮和恢复性修建工作的意见》《关于老旧小区更新改造工作的意见》《关于开展老旧楼宇更新改造工作的意见》《关于开展老旧厂房更新改造工作的意见》等文件，标志着北京市形成了城市更新政策体系。

同时随着各地方"城市更新条例"的出台，发改、规自、住建、财政、经信、环保、交通、商务、文旅、园林等相关政府部门也发布了与之配套的多项政策文件，涵盖土地、规划、建设、资金、交通、消防、绿化、市政等诸多领域，各方权责划分逐步明晰，按职责有序推进城市更新工作，为城市更新顺利开展建立起实施保障和监督管理的有效机制。我国以《中华人民共和国城乡规划法》为统领，以落实城市总体规划、分区规划和控制性详细规划为前提，以各地方"城市更新条例"或指导意见等为核心，以实施细则、操作规范、办法指引为补充完善的城市更新制度体系基本成型。

2.3.2 土地政策的创新

土地政策是发展基础，在北京、上海、广州、深圳出台的"城市更新条例"中，除了对城市更新的实施行动和保障监督政策的阐述外，其中特别对土地政策进行了创新。

在土地用途转换方面，除深圳市规定在实施综合整治类城市更新时，原则上不得改变土地规划用途，其他三个城市均允许用地转换和兼容使用。具体来说，北京市规定公共管理与公共服务类建筑、商业服务业类建筑、工业以及仓储类建筑用途之间可以相互转换；上海市要求经规划确定保留的建筑，在规划用地性质兼容的前提下，功能优化后予以利用的，可以依法改变使用用途；广州市指出改造范围内地块可以结合改造需求统筹确定建设用途，包括居住、商业、商务、工业等。

在土地配置方面，北上广深均在立法层面明确了土地可以协议出让，其中广州详细规定"三旧"用地（旧城镇、旧厂房、旧村庄房屋占用的土地）、"三地"（边角地、夹心地、插花地）和其他只能用于复建安置和公共服务设施、市政基础设施建设的用地，以及纳入旧村庄全面改造或者混合改造项目范围且转为国有性质的留用地，均可公开出让。深圳市规定无偿移交给政府的公共用地中，用于建设与城市更新项目配套的城市基础设施和公共服务设施的，应当优先安排，与城市更新项目同步实施，申请以协议方式取得更新单元规划确定的开发建设用地使用权，并签订国有建设用地使用权出让合同。

在容积率奖励方面，广州市规定对无偿提供政府储备用地、超出规定提供公共服务设施用地或者对历史文化保护作出贡献的城市更新项目，可以给予容积率奖励。上海市对零星更新项目，在提供公共服务设施、市政基础设施、公共空间等公共要素的前提下，采取转变用地性质、按比例增加经营性物业建筑量、提高建筑高度等鼓励措施；因历史风貌保护需要，建筑容积率受到限制的，可以按照规划实行易地补偿；新增不可移动文物、优秀历史建筑以及需要保留历史建筑的，可以给予容积率奖励。深圳对实施主体在城市更新中承担文物、历史风貌区、历史建筑保护、修缮和活化利用，或者按规划配建城市基础设施和公共服务设施、创新型产业用房、公共住房以及增加城市公共空间等情形的，可给予容积率转移或者奖励。

2.4 我国城市更新的方向

　　城市更新是城镇化发展的必然过程。高质量发展是建设现代化国家的首要任务，城市更新以推动城市高质量发展为目的，是实现城市高质量发展的重要手段。在2023年3月全国两会期间，住房和城乡建设部部长倪虹在回答记者提问时说道：城市更新的关键是要找准问题和有效地解决问题。首先通过对城市实施体检来找准问题，其方法是坚持问题导向和目标导向。从房子开始到小区、到社区、到城市，去寻找人民群众身边的急难愁盼问题。同时去查找影响城市竞争力、承载力和可持续发展的短板弱项，只有问题找准了才能对症下药。其次城市更新的重点就是在城市体检找出来的问题中做工作：一是持续推进老旧小区改造，建设完整社区，消除老旧小区安全隐患，完善配套设施，党建引领物业服务。二是推进城市生命线安全工程建设，通过数字化手段对城市基础设施进行实时监测，提高城市保障能力，增强城市韧性。三是要做好城市历史街区、历史建筑的保护与传承，既要保护好也要活化利用好，让历史文化和现代生活融为一体。四是推进城市数字化基础设施建设，用科技赋能城市更新，建设数字家庭、智慧城市，让城市更聪明。

　　实施城市更新行动，必须加快改革创新步伐，用统筹的方法系统治理"城市病"。转变城市发展方式，将创新、协调、绿色、开放、共享的新发展理念贯穿实施城市更新行动的全过程和各方面；完善城市规划建设管理体制机制，形成一整套与存量提质改造相适应的体制机制和政策体系；建立完善城市体检评估机制，统筹城市规划建设管理。以改革创新推动城市实现更高质量、更有效率、更加公平、更为安全的全生命周期的可持续发展。通过建设宜居城市、绿色城市、韧性城市、智慧城市、人文城市，不断提升城市人居环境质量、人民生活质量、城市竞争力，走出一条中国特色城市发展道路。

参考文献

[1] 让"城市更新"惠及千家万户[N].中国网，2022. http：//www.china.com.cn/opinion2020/2022-07/20/content_76538022.shtml

[2] 王优玲.真抓实干，努力让人民群众住上更好的房子——访住房和城乡建设部部长倪虹[N].新华网，2023. http：//m.news.cn/2023-01/05/c_1129259238.htm

第 3 章

城市更新项目分类与特点

城市更新涉及的内容庞杂，既有文献与研究的关注点主要在产业类、住区类城市更新上，较少涵盖到交通设施类和市政设施类，本书结合多地城市更新政策文件与项目实践，将交通设施类和市政设施类纳入城市更新体系中，按照城市功能不同将城市更新分为五大类，对不同类型的项目分类情况与特点进行了总结。

本书具体包含的城市更新项目分类如下：

1. 产业类城市更新

2. 居住类城市更新

3. 交通设施类城市更新

4. 公共空间类城市更新

5. 市政设施类城市更新

3.1

产业类城市更新

产业类城市更新指"以推动老旧厂房、低效产业园区、老旧低效楼宇、传统商业设施等存量空间资源提质增效为主"的更新类型，以再开发、再利用、再运营的方式将低效产业用地激活，优化城市功能布局，实现产业和城市发展的互促共进。产业类城市更新中的很多项目具有处于城市中心的区位优势，通过更新再利用，往往给城市土地的开发置换带来契机，可以促进社会经济发展与就业，提高城市的形象和品牌价值。

推动产业类项目更新的原因，主要涉及以下几种情况：

（1）城市发展政策或者重大事件推动城市片区整体更新

政府为了促进城市发展、改善城市环境，制定了新的城市发展政策或者进行了规划调整而导致的产业更新。例如：北京非首都功能疏解政策，对于疏解后的地区制定了新的发展策略并进行更新。还有北京冬奥会的举办，对包括首钢园在内的一些场所进行了更新改造。这些更新不仅补足了城市功能需求，也提升了区域的品质和形象，促进了经济发展。

（2）新城市功能、新业态的需求促进产业转型、升级

随着城市的发展，原有的城市功能已经无法满足现代生活的需要。城市更新可以不断完善和优化城市功能，提高城市的品质和生活质量；同时，还可以为新兴产业的发展提供空间，优化城市产业空间布局，实现人才聚集。例如对于老工业区的更新，原有工业模式已不再被需要，遗留下大量的工业建筑和设施，而这些老工业区往往具有较好的地理区位，通过转型为商业空间模式或者注入文化创意产业等，可以补足周边片区缺失的功能，为片区居民提供商业、娱乐、休闲等生活方式，加上文化创意产业的集聚，推动了就业并促进周边经济的繁荣。

（3）建筑老旧问题不得不进行的更新改造

因建筑年代久远，产生了围护结构和设备设施老旧的问题，建筑空间不能满足当下的需求，或者已达到原有设计使用年限。

（4）保护城市历史文化建筑的更新

通过对历史文化建筑进行保护、修缮和更新，维护城市的传统风貌和文化特色，促进城市的可持续发展。例如苏州姑苏区着力从城市更新和名城保护角度出发，以"小规模、渐进式、微更新"推进老旧街巷改造，便利市民生活，盘活文物古建，引入创意产业，让这座历史古城彰显青春活力。

鉴于城市更新系统的复杂性与更新涉及内容的多维性，依据不同的视角，可以对产业类更新项目进行不同的分类；依据的视角可以是更新模式、更新内容、更新目的、更新方式、更新主体等多方面，不同的分类角度有助于我们更全面地了解和掌握城市更新的相关内容。

本节一级分类以更新内容作为分类依据，主要从建筑更新、环境更新、设施更新三方面出发，总体上将产业类更新内容分为六大类，分别为：功能提升、立面更新、节能改造、结构提升、公共环境优化和设备设施改造。

本节二级分类以更新策略作为分类依据，具体阐述了一级分类中不同的更新内容对应采取的不同更新策略。

本节三级分类以更新技术措施和方法作为分类依据，依托于对大量已有项目和文献的归纳总结，对二级分类中不同更新策略所对应的多种技术手段和方法展开论述。

分类的框架如图3-1所示，由于三级分类的技术措施和方法涉及内容多样，本框架图仅将一、二级分类进行展示，第三级分类未做表述，详见后文具体描述。

图3-1　产业类城市更新分类

3.1.0.1 功能提升

建筑的功能提升需要从多个方面综合考虑，依据功能转变的程度由大到小，分为产业转型、空间再造和装修升级三类策略，每类策略分别对应不同的技术措施和方法。

（1）产业转型

涉及产业转型的项目，有政策原因导致或者城市重大事件促进的，如北京动物园公交枢纽项目、首钢奥运跳台改造等；或者需要与周边片区功能结合，补足城市功能的，如砖窑工业遗产项目；亦或是原建筑所处地理位置优越或有特殊意义，产业升级后能产生更高经济效益的，如北京红楼电影院改造工程。

（2）空间再造

空间再造，指的是打破原有空间形式，根据新功能需求再造空间布局。可采取以下几种方式。①功能的多样性和可变性：改造前的建筑功能单一、空间形式单调，将原建筑流线、空间打破，组合成新的空间序列，将多种新功能植入空间；

同时也可赋予一个空间以多种功能，使不同的功能适用不同的场景。②塑造丰富的公共空间：既可以通过设置中庭、植入灰空间、设置屋顶花园等方式，也可通过设计软隔断来进行空间的围合等，以丰富建筑的公共空间。③优化功能和空间布局：重新梳理建筑功能，调整功能布置，以适应建筑的新需求；拆除原有建筑的内部墙体和部分结构构件，改变内部空间格局，打造多层次、更灵活、更开放的空间。④改变室内外联系方式：通过增加连廊、下沉广场等，使空间联系更便捷、更多维、更高效。

（3）装修升级

装修升级，即提升建筑的装修标准，以符合当下审美的设计手法重新进行装饰装修改造。同时还可采取艺术介入的方式，通过加入艺术展品等，将建筑打造为艺术品的容器和舞台，增加建筑的艺术性和可读性。对于具有历史意义的建筑，其装修设计需深度发掘建筑原有内部符号，从装修造型、材料方面打造特色性极强的建筑空间，力求复原建筑特色风格。

3.1.0.2 立面更新

《城市更新设计关键技术研究与应用》一书中写道："通过单体建筑的形态及立面更新，使其与既有建成环境形成连续、和谐的整体界面，满足城市外部空间的审美要求；实现对城市风貌和历史记忆的延续和阐释。除文保建筑外，在具有特殊城市文脉和肌理的老城区、具有年代感的工业区中的城市更新，多数需要考虑风貌的整体和谐。在改造中应参考上位规划及城市设计对风貌控制的引导，并通过体量尺度、色彩材质、风格立面、建筑细部等设计要素的控制实现对既有建筑改造的风貌控制。"立面更新依据不同的改造手法，分为立面风格调整、重构空间秩序、立面综合治理、细节织补、微更新五类。

（1）立面风格调整

立面风格调整包含立面风格整合和立面再造两类。

立面风格整合是从城市片区的整体风貌出发，通过更新达到与周边建筑及街道整体风格统一的目的，包含材料种类、体块造型、立面色彩、建构方式的统一等。

立面再造，是出于原有建筑立面同城市形象或企业精神存在较大偏离、原立面缺少标志性和特色或原建筑形态呆板等原因进行的改造方式。使用的手法包括：结合建筑功能改变造型风格，进行现代化转译；结合内部空间与功能，进行对应的立面开窗及材质的更新；结合建筑性质，设计夜景照明；立面材料延续原建筑风格，改用不同的建构方式等，例如北京城建设计院总部改造项目，为了延续原有红砖风格，采用了现代陶砖幕墙材料。

（2）重构空间秩序

重构空间秩序，实际上是一种综合性的建筑更新方式，更新过程中既包含了立面更新，也包含了平面空间的更新。该方式可以通过置入新的体块，建立新的视觉中心和空间中心，丰富和灵活了立面造型及空间布局；又可通过减法的方式，创造院子、屋顶平台等，使得人们置身于建筑之中也能感受到大自然的声音和光线，提升建筑的空间品质。

（3）立面综合治理

立面综合治理，是一种整治立面破损、老化、污染等问题的方式。包括修复破损老旧的雨篷、统一规整空调外机、更新空调外机护栏、增设空调冷凝水排水管、重新粉刷污损墙面或清洗幕墙、修补改造屋面防水、雨水管改造等。

（4）细节织补

立面更新中除了在立面效果上显而易见的方式外，还有一些细节上的更新方法。如通过扩大或增加窗洞口、降低窗台高度，为室内带来更好的自然采光和通风；统一开窗形式，使得立面更加整齐统一；屋顶增设天窗，增加采光和空间趣味性；以及在细节上加入金属和玻璃幕墙元素，从而向现代风格过渡等。

（5）微更新

"微更新"的方法多用于位于历史文化保护区的建设控制地带或历史文化风貌区的建筑。更新改造时需要了解建筑是否有对应的专项规划或者城市设计方面的要求，目标是最大化保留原建筑所带来的历史记忆，与周边老建筑相协调；最大化保留原立面材料不被破坏的前提下进行修复、更新。

3.1.0.3 节能改造

既有建筑节能标准要求较低，已不能满足现有规范标准要求，需通过节能计算，从围护结构和设备系统两方面进行节能改造（表3-1）。

节能改造分类

表3-1

节能改造分类	改造位置与措施
围护结构节能改造	屋顶节能改造
	外墙节能改造
	门窗节能改造
设备系统节能改造	使用新能源系统
	设备设施提效
	智慧能源管理

（1）围护结构节能改造

围护结构节能改造包括：①屋顶节能改造，如更换原有屋顶保温材料、增设屋顶绿化、加装太阳能设施等；②外墙节能改造，如对于无保温的建筑增设保温，有保温的建筑增加保温层厚度或者采用保温装饰一体板等；对于原建筑采用大量玻璃幕墙的情况，在满足采光和通风要求的前提下，适当减少玻璃幕墙的面积以降低能耗损失；③门窗节能改造，可采用的方法包括降低外门窗传热系数、采用具有良好气密性的外门窗产品、加大可开启面积和设置遮阳等。

（2）设备系统节能改造

设备系统的节能改造包括：推广采用可再生能源，包括光伏发电技术、太阳能热水技术、地源热泵技术等；建筑进行新风系统改造时，采用新风热回收系统；公共建筑改造中设置可对建筑能耗监测、数据分析及管理的能源管理系统，能实现分析计量和自动远传等。

除了建筑本体的节能改造外，还可以通过建筑室外环境的改善来达到节能的目的，这方面的技术主要适用于更大范围的片区层面或者城区层面。

3.1.0.4 结构提升

建筑更新改造中，新的建筑空间诉求与既有结构的承载力不一定能完全匹配，如何在充分利用原有结构价值的基础上，引入成熟结构技术，实现新的建筑空间需求，是更新改造中非常重要的技术之一。

对于待改造结构，尚须根据《房屋结构综合安全性鉴定标准》DB11/637—2015中的基本规定，对结构的整体或局部进行综合安全性鉴定或专项鉴定。鉴定机构出具相应的《房屋建筑结构综合安全性（含抗震）鉴定报告》，报告中会给出明确的结构安全性与建筑抗震能力的鉴定结论与评级，并会给出综合安全性评级和处理对策建议。

根据鉴定评估结果和结构更新的轻重程度不同，分为五类：局部结构构件加固、局部结构构件拆除、结构整体加固、结构形式整合和整体结构替换。

（1）局部结构构件加固

通过匹配新的建筑空间与既有结构形式，评估既有结构承载力是否满足新的建筑空间诉求，对不满足的部分结构构件予以加固。

（2）局部结构构件拆除

将若干小空间整合为大空间或者既有中庭实现更加开敞的空间效果时，需要对部分结构构件进行拆除，并复核相关范围结构构件的安全性。

（3）结构整体加固

原结构本身存在风险或已经达到房屋使用年限，经检测鉴定在后续使用年限内结构整体安全性能或整体抗震性能不满足相应标准，需进行整体加固改造。通过结构整体加固（可选措施：增设抗震墙、增设组合柱或圈梁、引入减隔震措施），或对不满足规范要求的构件做必要加固处理（可选措施：梁柱增大截面、粘钢加固、碳纤维布加固、预应力加固）等方式使结构再生，改造后的结构可安全可靠地承载新的功能需求，激活建筑空间活力。

（4）结构形式整合

原建筑的地上结构形式包含两种及以上，形式体系复杂，很难进行结构抗震的计算，更新时需对其进行合并设计，统一结构形式（可选措施：采取分割平面单元，减少扭转效应的措施；拆除不符合鉴定要求的女儿墙、出屋面烟囱等易倒塌的非结构构件等），以满足现行规范的要求。

（5）整体结构替换

由于整栋建筑被认定为危房，存在极大安全隐患，需进行整体结构替换甚至是拆除新建。如果原有外墙等围护结构具有保留价值且修复后可以再利用，但是建筑物的内部结构需要整体替换，需要考虑新增内部结构与原围护结构的连接问题。

3.1.0.5 建筑公共环境优化

建筑公共环境优化包含场所重构、历史留存、环境整治三类。

（1）场所重构

场所重构包含以下方面：在建筑组群中，若原有多个建筑单体缺乏有效联系，通过增加连廊、景观布置等，加强建筑之间的联系；对红线范围内一些年久失修或临时建筑予以拆除，整合为新的功能空间和景观空间；也可以结合场地进行下沉设计、打造空中花园等，使场地更加多维立体、层次丰富；以及对于场地标高关系不合理的位置进行优化设计等。

（2）历史留存

对于历史文化保护区或历史风貌区的建筑，要做到"修旧如旧"，在尽量不破坏其原有场地形态的基础上，延续和保护具有历史价值的街巷或空间肌理，拆除场地内各个时期遗留私搭乱建建筑及构造设施，恢复原本的场地形制、建筑布局和建筑风貌。对于某些不具有特殊历史保护价值的建筑设施，如果在其当时所处的时代具有某种特殊的意义，也应充分挖掘原有场地的历史文脉。

（3）环境整治

环境整治以完善用地功能、提升建筑品质为目的，包括增设停车、充电设施，配建配套服务设施（配建养老、托幼、医疗、健身），内部道路、绿化、照明等设施改造。规范非机动车和机动车停车，增设或改造自行车棚等非机动车停车设施等。

3.1.0.6 设备设施改造

（1）基础设备设施改造

原有设备设施老化或者各种管线明装、不美观，需要对设备设施更新，包括基础类的照明系统改造，给水排水、电气、燃气、供热、通信、消防管网及设施设备改造，还包括提升类的增设停车设施及电动汽车、自行车充电设施，配套附属用房改造等。

（2）智能化升级

国家标准《智能建筑设计标准》GB 50314—2015中对智能建筑的定义如下："以建筑物为平台，基于对各类智能化信息的综合应用，集架构、系统、应用、管理及优化组合为一体，具有感知、传输、记忆、推理、判断和决策的综合智慧能力，形成以人、建筑、环境互为协调的整合体，为人们提供安全、高效、便利及可持续发展功能环境的建筑。"

建筑更新中的智能化升级是对建筑内的智能化系统设备进行更新和升级，实现各个系统之间的互联互通和信息共享，提高智能化系统的整体效能，以满足更高的使用和管理需求。同时，也需要保障智能化系统的安全性和可靠性，采取必要的安全措施和应急预案。智能化升级对于提高建筑的使用效率和管理水平、提升建筑的安全性和舒适性、降低能源消耗和运营成本、适应信息化和数字化的发展趋势以及提高建筑的竞争力都具有重要意义。在更新改造过程中，可以将智能化升级作为优选项进行建设。

建筑更新中的建筑智能化升级需要从多个方面综合考虑，主要包括以下四个方面。

1）智能化系统设备的更新：对建筑内的智能化系统设备进行更新和升级，例如更换更先进的智能照明系统、智能安防系统等，以提高建筑的使用效率和管理水平。

2）智能化系统的集成和优化：对建筑内的各个智能化系统进行集成和优化，实现各个系统之间的互联互通和信息共享，提高智能化系统的整体效能。例如通过云计算技术，可以将建筑的各种数据和信息进行集中存储和处理，实现数据的共享和协同工作，提高建筑改造的效率和质量。

3）智能化系统的升级和扩展：根据建筑的实际需求和未来发展，对智能化系统进行升级和扩展，例如增加智能能耗监测系统、智能环境监测系统等，对建筑的各种设备和设施进行实时监控和数据分析，提高设备管理和维护的效率，延长设备的使用寿命，以满足更高的使用和管理需求。

4）智能化系统的安全性和可靠性：保障智能化系统的安全性和可靠性，采取必要的安全措施和应急预案，确保建筑内的人员和财产安全。

总的来说，建筑智能化升级有多种方法，更新改造中可以根据实际需求选择最适合的方法来实现智能化升级。

3.2
居住类城市更新

居住类建筑事关民生，其品质的高低与城市居民息息相关。居住类城市更新是国内外较早开展的城市更新类型，国内出台了专门的政策对棚户区、城中村以及老旧小区等的更新进行规划和引导，是当前我国城市更新的重点。居住类城市更新，是"以保障老旧平房院落、危旧楼房、老旧小区等房屋安全，提升居住品质为主"。

参考各地对于老旧小区更新内容的分类以及其他相关权威文献，分别从住宅层面和社区层面，将居住类城市更新分为住宅本体和社区公共部分两大类，每一类又根据具体措施的必要程度分为基本类和提升类（图3-2）。

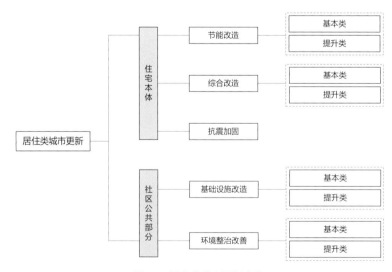

图3-2 居住类城市更新分类

3.2.1 住宅本体

住宅本体改造分为节能改造、综合改造和抗震加固三类。

3.2.1.1 节能改造

（1）基本类

包含屋面防水和保温改造、楼体外墙保温改造、楼体外门窗改造等。涉及保温改造时，由于我国有多个不同的气候区，应该因地制宜地选用保温模式。例如北方采取提升外围护保温性能与密闭性的方式，而南方冬暖夏热地区则需要注重遮阳与自然通风。

（2）提升类

居住建筑节能改造中的提升类包括建筑外遮阳改造、增加可再生能源利用设施等。住宅设置外遮阳具有显著的节能效果，在夏季可以有效降低进入室内的太阳热量、减少空调的使用，起到节能减排的作用。外遮阳可分为建筑构件遮阳、植物遮阳和附加遮阳（即遮阳产品）三大类。与前两类遮阳相比，附加遮阳（即遮阳产品）具有更大的灵活性，也便于人们在遮阳、采光、通风和遮挡视线中自由取舍。在更新改造中，常用的就是附加遮阳。附加遮阳根据窗口朝向、产品类型、安装在围护结构上的位置、遮阳系统是否活动等还有更多不同的具体分类。增加可再生能源利用设施，如安装光伏发电设施、太阳能热水设施、风力发电设施等。由于项目成本、不同地区对于住宅的改造要求等限制，建筑外遮阳和可再生能源利用等并不常用在住宅改造中，一般作为提高老旧小区改造品质的建议项目。

3.2.1.2 综合改造

（1）基本类

综合改造中的基本类，包含楼体外墙、楼道等公共区域清洗、粉刷；楼内照明系统改造；楼内公共区域管线改造（包括给水排水、电气、燃气、供热、消防等）；增设门禁系统等。

（2）提升类

包含外墙雨水管改造；空调外机统一规整，更新空调外机护栏，增设空调冷凝水排水管；实现适老化改造，完善无障碍设施；加装电梯等上下楼设施；户内给水排水、供热等管线改造。在我国双碳大目标下，提升类改造还包括绿色建筑改造、低碳建筑改造、健康建筑改造等。

3.2.1.3 抗震加固

许多老旧小区存在结构质量问题和安全隐患，需要对其进行建筑结构和整体性能检测。对检测为危楼的房屋进行拆除重建，对不满足规范要求的房屋主体或构件进行抗震加固，对没有抗震加固价值的老旧平房、简易楼、筒子楼等可进行翻新扩建，在满足规划等要求的前提下，可适当增加户型面积和楼层等。

3.2.2 社区公共部分

社区公共部分改造分为基础设施改造和环境整治改善两类。

3.2.2.1 基础设施改造

（1）基本类

包含小区管网、设备设施改造提升，同时结合海绵社区和中水回收利用，对排水管网进行重新梳理后，小区雨水的收集和再利用将会大幅提升。

（2）提升类

包含增设养老服务、社区综合服务及其他配套服务设施；增设停车设施及电动汽车、自行车充电设施；以及基于节能减排的绿色物业管理和智慧社区等。

其中配套服务设施可包含多种功能，方便居民近距离地解决各种生活需求。而物业管理的质量很大程度上影响到居民的生活感受，因此绿色物业管理和智慧社区的建设也是显著提高社区品质的措施。

3.2.2.2 环境整治改善

（1）基本类

包含小区道路、运动场、绿化、护栏、照明设施等的改造；规范非机动车和机动车停车，增设或改造自行车棚等非机动车停车设施；规整架空线缆；规范垃圾分类收集等。

（2）提升类

主要包含增设社区绿化、海绵社区整体设计改造、增设公共卫生间、进行架空线缆入地改造、更新或补建各类装置、增设再生资源收集站点等。

小区增设绿化不仅可以美化小区环境，更能在夏季减少热岛效应并起到遮阳降温的作用。通过老旧小区屋顶绿化、设置雨水收集桶和下凹绿地、透水路面、停车场渗水等方式整体改造老旧小区，能增强排水弹性，既可以有效减小暴雨的威胁，又能通过雨水收集起到节约水资源的目的。

3.2.3 小结

本节阐述了居住类建筑的更新策略，社区是个复杂的系统，其更新不仅涉及物质层面，还有文化、产业、资金等各方面，尤其对于具有历史价值的居住类建筑，不仅要注重对原建筑风貌特色的保护和延续，立面造型、色彩、材质等方面要依照相关规划指引，更要特别注重居民的生活方式、文化传承和空间需求，高度关注城市社区的社会网络和内部社会空间重构，以及由此带来的历史建筑多元价值的挖掘。通过更新改造，要让居民重新发现社区价值，重获身份归属感、情感依托和文化认同，并通过各方参与和努力，共同营造高质量发展的社区。

3.3

交通设施类城市更新

交通设施更新指交通运输中必要的交通工具（包括车辆、船舶、飞机等）、机械设备、场地、线路、通信设备、信号标志、建筑（包括车站、仓库、候车售票场地、停车场）等部分的更新。本书中交通设施更新主要聚焦在城市轨道交通更新与城市公交场站更新。

3.3.1 城市轨道交通更新

城市轨道交通是城市绿色出行的重要方式，也是我国现阶段大力发展的交通方式。我国最早的轨道交通北京地铁1号线建设于1965年，已运行59年。目前我国城市轨道交通工程总量世界第一，总里程11232.65公里（截至2023年年底）。因当时建造条件和经济状况限制，以及乘客客流及需求的变化，北京、上海、广州等城市的早期轨道交通设施已经不能满足最新的建设标准和社会要求。

随着近年来我国城市基础设施建设进入存量更新期，城市轨道交通发展也进入稳健缓增阶段，社会关注焦点从比拼轨道交通的规模和建设速度，向优化城区布局结构，推动城市资源整合提升，解决"交通拥挤、资源紧张"大城市问题转变，从而确定了轨道交通带动城市有机更新，轨道交通和城市空间的相互融合、相互促进和可持续发展的全新目标。

轨道交通更新发展至今，在内容上，从最初关注轨道交通设施和服务，到关注节点区域更新，再到轨道交通线路和城市双维度提升改造；在目标上，从问题导向到目标导向，最初聚焦轨道交通本体设施和功能提升，到关注轨道交通节点片区的功能提升，再到注重轨道线网对沿线城市结构和功能带来影响，如提升沿线土地价值，激发沿线社区活力，丰富沿线城市景观，重构沿线城市格局等；在时效上，从最初以项目周期为时限，到和城市发展生命周期协同、项目的落地性和可持续性并重。

结合已有案例，将轨道交通类城市更新按照改造对象分为三大类八小类（图3-3）：

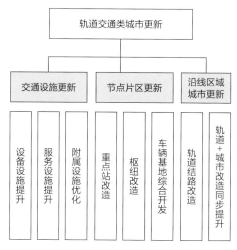

图3-3　轨道交通类城市更新分类

三大类分别代表了更新的微观、中观、宏观三个层面。交通设施更新改造是微观层面，主要是解决、优化运营中的设备、服务设施等问题；节点片区更新改造是中观层面，主要指对站点及周边进行综合性改造；沿线区域城市更新是宏观层面，主要指一条线路的改造更新及沿线城市更新的综合性更新。

3.3.1.1 交通设施更新改造

（1）设备设施提升

轨道交通各类设备设施提升，主要偏重于日常运营下所必需的设备设施更新，以及为行车安全、乘车安全、防灾安全等安全提升方面的改造，包括更新和改进车辆设备、优化信号设备、增设机电设备、引入智能化管理系统等方面，同时还包括消防、防淹等设备设施提升改造。如北京1号线在1992年进行首次设备消隐工程，1号线和2号线在2004—2008年间又经历多次供电系统、机电设备系统的消隐改造工程；此外，1号线和2号线在近20年间还经历多次设备设施更新改造。

（2）服务设施提升

服务设施提升，主要偏重改造地铁里既有公共服务设施和新增公共服务设施，使之满足乘客对地铁服务的便捷化要求和人性化需求。包括改造和增设扶梯、无障碍电梯、第三卫生间（无障碍卫生间）、母婴室、AED（自动体外除颤器）、乘客服务中心等公共服务功能性设施。如北京市于2021年在264座地铁车站的无障碍卫生间内增设母婴服务设施，同时在7座车站内新建独立的母婴室，共完成对271座车站的母婴设施改造。

（3）附属设施优化

附属设施优化，主要偏重于出入口和通道的功能和布局优化，以及附属设施的地面景观消隐，包括车站增设出入口以提高车站覆盖率，车站增设一体化接驳设施，与周边地下商业办公设置连通口，合理利用连通走廊、通道周边城市空地，连通周边慢行体系。如西安市地铁3号、4号线车站在附属优化提升改造中，通过艺术和文化元素装点地面附属外立面，极大地提升了地铁站附属与城市环境的融合度。

3.3.1.2 节点片区更新改造

（1）重点站改造

重点站是指线网规划中位于城市重点功能片区及轨道交通重要节点车站。城市重点功能片区大多承担较高客流量，慢行系统提升是车站改造的重点。此外，重点站需要根据周边业态环境优化资源配置，对商业、交通、文旅、综合服务、社区生活等不同业态提出针对性解决方案。

重点站改造从慢行系统提升、功能空间优化和景观品质提升等多方面入手，强调车站与周边交通、功能、空间、景观的一体化改造升级。如北京北海北地铁站、崇文门地铁站，上海南京西路地铁站丰盛里区域等重点站改造案例，都位于城市中心的历史文化风貌区内。以车站改造或者建设为契机，对车站区域的慢行流线、用地功能、交通组织进行了"一体化再设计"，不仅利用合理的出站流线将乘客安全便捷地引导至目的地，还串联起周边的商业文化场所。同时，对车站区域城市公共空间的风貌和景观进行再设计，使之融入周边自然与社会环境，彰显区域文化特色。

（2）枢纽改造

枢纽改造往往是城市的重点工程项目，因为大部分枢纽不仅承担城市轨道交通的内部换乘任务，还承担与国铁、城际列车的换乘任务。大型枢纽站承担城市地标职能、规模宏大、交通流线复杂、周边商业设施配套丰富，因此改造内容相比轨道交通站点改造更为综合、复杂。枢纽改造包括以下特点：

1）多种交通方式的互通互认，提高换乘效率

轨道交通与其他交通方式的互通一般在交通规划层面对不同交通方式站点进行整合，在设计建造时通过设置通道或合设换乘大厅等多种改造手段连接不同交通站点，实现多种交通方式无障碍换乘；轨道交通与其他交通方式的互认体现在票务、安检和信息三方面，通过联合套票、安检互信、交通信息联动共享等更新手段协助乘客规划选择便捷、高效的交通方式。

2）构建枢纽周边多层次慢行体系，提升周边土地价值

通过构建地上地下立体交通网络，科学疏解人流与车流，节约城市土地资源，提升枢纽及其周边交通运转效率。现有城市枢纽周边用地寸土寸金，往往枢纽的更新也带动周边大型服务业态的再开发，对现有业态进行整合重构的同时，带动更丰富、更大范围的提升改造。

3）站城一体化开发，激发城市公共空间活力

随着枢纽规模的扩大，城市开发精细化程度的提升和市民文化需求的兴起，枢纽更新的边际效应也从车站直接连通的建筑区域扩散到了车站周边的城市空间，激发城市枢纽及周边城市空间的魅力与繁华，营造美好、活力、出行便捷的城市新形象。由于枢纽在城市职能中承担区域门户、城市地标的重要地位，因此它们的造型也需要在实际使用和历史文脉中寻求平衡。

如位于回龙观的霍营枢纽，不仅打造了多层次立体交通换乘网络，实现轨道交通、地面公交、P+R、自行车等各类交通方式无缝换乘；还营造空中步行连廊，结合商业商服塑造区域活力中心，引入空中绿洲和采光穹顶，打造集美观舒适为一体的地标——城市会客厅。

（3）车辆基地综合开发

车辆基地作为承担列车运营、检修、停放的重要场所，其规模和功能的限制决定了对城市的用地需求更高，与城市更新结合更为紧密。车辆基地与城市更新结合需要注意两方面内容：一是土地复合利用带来的功能、消防、慢行体系的精细化设计；二是上盖再开发需要尽量减少对车辆基地本身的影响，以及对周边城市环境的影响。如厦门2号线高林停车场作为公园改造的地铁停车场，有场地标高限制和还建公园业态的需求，设计将地铁停车场、公交停车场和附属配套建筑、停车场综合楼有机组合，在上盖区域还建高林公园，实现了土地的复合利用，并兼顾对周边城市景观的还原。

3.3.1.3 沿线区域城市更新

轨道交通不仅是城市公共交通的重要组成部分，还对提升社会环境与区域发展起到重要作用。通过轨道交通沿线系统更新改善城市功能分布，优化城市格局，打造宜居环境，带动产业高质量发展，反哺城市经济和生态文明双领域建设。

（1）轨道线路改造，满足城市客流需求

区别于点和片区的中微观更新形式，轨道交通线路改造可以通过顺应城市客流需求，带动沿线城区资源交换，弥合片区不均衡发展，实现更远距离、更大规模、更深层面的职能资源再分配。轨道交通线路改造或采用既有列车扩编的手段，或通过既有线路贯通改造，以满足客流在城市地理层面再分布的需求。如北京1号线与八通线的贯通改造，便是建立在八通线80%的客流都有换乘1号线进入城市核心区域的需求上。贯通改造在便民利民的同时，直接促进了京郊和中心城区的协同发展。

（2）轨道+城市改造同步提升，推动城市格局更新

由于轨道交通自身的特点，一旦实施线路规模的更新，坐落在沿线的各个站点势必会带动沿线周边资源活化，使之成为与沿线城区发展息息相关的生命线。虽然多数轨道交通线路的更新都因解决具体且确定的问题而起，但更新后的社会经济效应却是整体且综合的。如北京13号线扩能提升改造的最初契机为解决北部"回天"地区人口聚集带来的通勤压力，但其改造不仅解决了职住平衡问题，更实现了对沿线萧条的城市产业、稀疏的路网体系、混乱的交通流线、匮乏的城市景观等多重城市病的治疗，而且借由改造实现了与京张铁路遗址公园的共生，真正实现了城市结构的多态改造，复合提升。

3.3.2 公交场站更新

普通公交、快速公交作为城市骨干交通，一直对城市交通起着重要的支撑作用。公交场站作为公交运营的基础设施，长期以来，公交车停放都是平面摊大饼方式，运营管理用房也是仅仅满足公交车维修、调度以及管理人员简单的休息、用餐需求。土地利用率不高、功能单一、缺少与城市功能（居住、商业、休闲等）相融合是公交场站的主要问题。

随着城市人口、小汽车的快速增长，带来了城市交通拥堵、空气污染、用地紧张等问题，促使人们探索城市可持续发展的道路。近年来，建立公共交通引导下的城市出行、城市发展成为大家的共识，这种共识为公共交通中的公交场站带来了一

场设计革命。

公交场站的改造与建设，呈现出以下几种趋势（图3-4）。

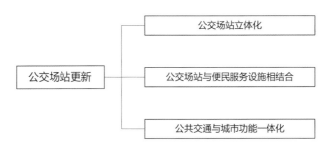

图3-4 公交场站更新呈现的趋势分类

3.3.2.1 公交场站立体化

由于场站停车资源紧张，经常存在公交车占用城市道路停放的问题，对城市道路交通安全构成隐患。

公交车立体停放，是在有限的土地资源上提高公交停车数量的有效措施。在城市建成区的公交场站原址上改为立体停车，基本上都会遇到以下难题：场地紧张，但又需要满足大量公交停车需求；项目周边有已经建成的城市功能，如办公、住宅等，如何降低公交停车、运营的噪声；项目体量大，如何与周边环境相协调。

以北京市马官营公交中心站（已建成并投入使用）为例，马官营公交中心站承担着3条公交线路的停放车辆和加气任务，原用地仅可停放50辆公交车，已不能满足公交车停放的需求，部分公交车还需长期占用周边场站及道路。用立体的方式在原场址建设地上4层公交停车楼，可停车135辆以及设置停车维修办公用房、维修保养车间等；地下2层，设置设备用房及小汽车停车180辆。项目采用实墙与深灰色铝合金百页的组合，大大降低了公交停车的噪声，实现城市建成区交通设施与居民生活、办公空间的协调。马官营公交停车楼是北京第一个立体化、综合性公交场站，是节约土地资源，实现综合性公交停车、检修、智能化管理的案例。

3.3.2.2 公交场站与便民服务设施相结合

为公交场站的客流提供超市、快递等便民服务，可以减少机动车出行。将商业、办公、娱乐、休闲功能等与公交场站的车辆维修、职工管理功能，甚至公交停车区复合化设计，可以织补城市功能，形成与周边地块连续的城市界面，增强城市的活力。

在公交场站与城市功能复合设计中，有几点需要特别注意：如果土地属性由原有的纯交通功能改为与城市功能复合，则应该首先调整土地性质，明确实施路径；在规划设计时，遇到场站功能与城市开发功能相矛盾时，应该优先满足场站功能；

规划设计应满足场站功能、城市功能在管理上相对独立。

3.3.2.3 公共交通与城市功能一体化

公交线路与其他城市骨干交通（如地铁、高铁）汇集，可以充分发挥骨干交通对城市的辐射带动作用，场站管理功能（车辆维修、职工办公就餐）与城市功能（如商业商务、居住、休闲娱乐等）高强度复合设计，不仅可以使交通节点周边人群方便使用公共交通出行，又能够使出发地与目的地充分结合，减少出行压力。这种交通与城市功能高度复合的做法，是实现城市可持续化发展的有效途径。

以北京市苹果园交通枢纽一体化为例，枢纽地处石景山，项目所在区域定位是商务副中心。苹果园交通枢纽是一座集轨道交通（M1、M6、S1）、快速公交、常规公交于一体，包括出租车、P+R、自行车、步行等多种交通方式相互衔接的综合交通枢纽，是交通换乘和商业开发功能相结合的大型交通综合体。枢纽全日客流89万人，高峰小时换乘客流10万人次。苹果园交通枢纽综合体建设用地4.81hm^2，综合体总建筑面积约31万m^2。

交通功能的复合体现在：轨道交通、普通公交、快速公交、P+R的多种公共交通汇集，为该区域人群打造便利的出行条件。

公交场站与城市功能复合体现在：依托交通核心，融入商业、办公的城市功能，与周边商业办公共同形成集群效应，成为城市发展的新引擎。

3.4
公共空间类城市更新

狭义的公共空间指城市中供居民日常生活和社交聚会使用的室外公共场所，包括街道、城市广场、居住区户外场地、公园、体育场地、公共建筑外附属广场等。

广义的公共空间涵盖以公园、广场为代表的传统公共场所和以文化、体育为代表的公共设施用地空间，例如历史文化区、商业区、城市绿地、交通场站等，是集成城市公共空间、自然生态空间、城市公共服务、城市基础设施等空间要素的城市公共供给系统。

公共空间范围包含宏观、中观和微观三个层面。宏观层面指城市范围内基础设施、生态廊道、慢行系统、公共服务等共同组成的城市结构空间骨架，但不包含市政、轨道及地下管廊等要素；中观层面指城市中各功能主导的片区性集中用地、城市滨水空间以及慢行街区；微观层面指城市中微小尺度的向公众开放、供人们进行户外活动和日常交往的具体室外空间。

城市公共空间尺度多元，既可上升到城市及片区尺度，又可具体到小尺度的微空间。因此公共空间的更新需形成自上而下的多层级多类别指引体系，以宏观层面的规划编制作为工作框架和指导，引领并管控具体地块的更新方向与内容。

3.4.1 公共空间更新分类

我国对于城市公共空间分类目前尚在研究，暂未发布公共空间分类标准体系。各地区现有城市更新政策中对公共空间类更新所包含的类型及侧重点各不相同，根据各城市特有的地理环境、自然资源、规划格局等重点关注某几类公共空间的更新改造。因此全面的公共空间更新类型需综合各地区相关政策及实践项目进行归纳总结。依据公共空间所包含的宏观、中观和微观三个层面，以及对大量城市公共空间更新案例的总结归纳，本书将公共空间的尺度范围和用地功能作为主要分类依据，对各尺度公共空间进行分级分类研究（图3-5）。

一级分类以公共空间的尺度为依据，涵盖所有公共设施用地空间，包含宏观尺度的市/区/县域更新，中观尺度的片区、街区更新和微观尺度的各类城市小微公共空间更新；

二级分类以用地功能为主要依据，对中观尺度和微观尺度的公共空间进一步分类；

三级分类则依托于大量实际案例，提取目前我国城市公共空间更新的主要空间类型进行归纳总结，做详细分类研究。

3.4.1.1 市/区域更新

在全球化和后工业时代发展的大背景下，城市人口规模不断增加，城市发展出现了功能结构单一、产业需转型升级、基础设施落后、交通线网承载力不足等一系列城市问题。同时人民对美好生活的追求要求城市的结构功能、风貌形象、公共服务能力等有所提升。公共空间作为居民户外活动的主要场所，是连接城市各空间的重要载体，能直观反映出城市的风貌特征、公共服务能力、基础设施建设水平、城市绿地生态系统等。

因此宏观层面公共空间的更新（即市/区域更新）原因和推动力主要包含六个方面：

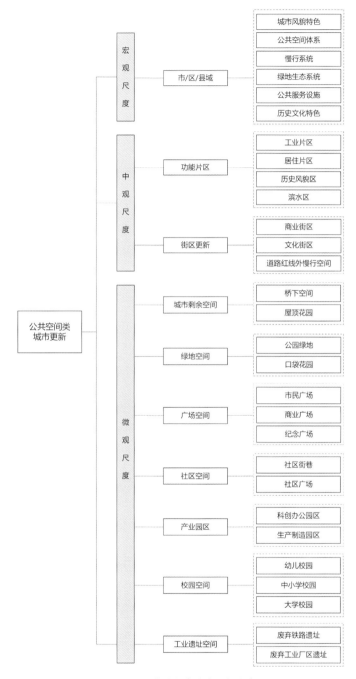

图3-5 公共空间类城市更新分类

（1）更新原因

1）高密度建筑开发导致的公共空间缺失；

2）城市地域特色风貌特色被削弱；

3）传统历史文化风貌的忽视与破坏；

4）公共服务设施的老旧缺失；

5）公共交通与慢行系统衔接不足；

6）绿地系统生态破坏。

（2）更新内容

宏观层面的区域更新重在系统规划和理念指导，更新内容着眼于总体层面的宏观指引，明确总体目标并针对城市各功能体系从更新策略、更新方式、重要级别、实施时序上提出指导（表3-2）。

市/区域更新内容对应表　　　　　　　　　　　　　　　　表3-2

更新原因	更新内容
公共空间缺失	优化城市公共空间布局，构建公共空间布局相关标准和指引
城市风貌特色削弱	制定城市各风貌区的分区分级管控指引：包含城市街巷肌理、山水格局、天际形态、建筑风貌、色彩规划等
历史文化的忽视与破坏	制定历史文化保护传承相关规划要求，提升城市文化内涵
公共服务设施的欠缺	优化公共服务设施布局，制定公共服务能力评价标准，推动搭建网上信息服务平台
慢行系统混乱不足与缺失	制定城市慢行系统专项规划，构建特色慢行交通系统
绿地系统生态破坏	制定城市绿地系统专项规划，构建连续性生态绿廊，形成蓝绿交织的山水格局

3.4.1.2 片区更新

（1）更新原因

中观尺度的片区更新是城市更新规划编制的核心，起到了宏观与微观更新的衔接协调作用。其更新原因也往往由宏观层面的政策指引和微观层面的现状问题所决定。在"做优增量、盘活存量、提升质量"的城市发展转型阶段，片区统筹更新是化解当前城市更新面临的诸多困难的一种理念和方式。片区更新涵盖城市各功能区如居住区、工业区、商业区、历史文化保护区和慢行街区，更新原因主要有：

1）片区整体功能定位转变、产业升级；

2）历史文化的破坏和忽视；

3）公共空间和公共服务功能的缺失；

4）绿地系统的生态破坏；

5）片区风貌特色的削弱。

（2）更新内容

片区更新是在宏观层面总体更新目标下，对中观各片区提出更新方向、发展定位、相关指标要求、公共要素补充、工作计划等内容，并进一步对微空间更新提出上位控制，有效避免了微观尺度的更新碎片化以及宏观尺度更新难以实施操作等问题。片区统筹更新区别于点状、单业态和拆除重建类的更新，是在较大范围内使空间呈现多业态、多功能混合，实现片区品质和活力提升的更新手段（表3-3）。

片区更新内容对应表 表3-3

空间类别		更新原因	更新内容
功能区更新	工业片区	产业转型升级 厂区功能转变	工业风貌延续 工业遗迹的保护与再利用 商业、文化业态的开发
	居住片区	公共空间缺失 公共服务设施缺失 环境品质老旧	公共空间增加 公共服务能力提升 环境品质整体提升 文体活动、社区市集等功能补充
	历史风貌区	历史文化的破坏与忽视	传统风貌与建筑肌理保护 建筑业态的复合开发 商业、展览、体验功能植入
	滨水区	绿地系统破坏 原码头设施废弃 亲水性不足	滨水绿地生态治理 多样化驳岸的处理 多层次亲水平台、亲水活动的融合 舒适连贯的滨水步道设计
慢行街区	商业街区	配套建筑业态升级 设施老旧 景观品质差	环境品质整体提升 活力互动设施补充 临时性售卖、宣传展演空间的补充
	文化街区	历史风貌缺失 文化属性不足	文化IP的打造和传播 空间环境的文化元素植入
	道路红线外慢行空间	环境品质低 开放性和连接性不足	环境品质整体提升 道路界面的开放性提升 沿街建筑功能的户外空间延展

3.4.1.3 微更新

（1）更新原因

我国现阶段对微观层面的更新主要为针灸式的城市微更新，增加和修补小尺度公共活动空间，提升居民生活质量，优化城市公共环境。针对不同地块，微更新产生的原因较宏观和中观层面更加多样，根据大量微更新案例归纳为以下几个方面：

1）公共空间开放性不足，可达性弱；

2）周边建筑的拆改腾退；

3）原有公共空间布局不合理；

4）绿化种植效果欠佳；

5）场所设施老旧，环境品质不佳；

6）文化特色主题缺失；

7）城市灰空间的升级利用。

（2）更新内容

微观层面的更新需落实上层次更新规划要求，并针对公共空间的各构成要素提出具体的更新方式，如绿化种植、设施家具、标识系统、景观铺装等。对通过各构成要素的分析研判，制定具体的更新设计清单，"以小见大"最终实现微空间的环境品质提升（表3-4）。

微更新内容对应表 表3-4

空间类别		更新原因	更新内容
城市剩余空间	桥下空间	空间利用低效、功能单一、行人可达性不足、与城市环境不协调、存在安全隐患、生态系统破坏	绿地生境更新 活动功能植入 环境品质提升 交通衔接优照明设施的补充
	屋顶花园	城市高密度开发带来的绿地空间有限、城市第五立面提升的要求、建筑功能形象的升级转型	建筑功能的户外延展 绿化品质的提升 空间布局优化 "都市农业"活动的结合
绿地空间	公园绿地	设施老旧、绿化品质差、开放性不足、空间布局不合理	绿化品质提升 空间布局优化 全龄友好设施设计 地域文化特色的体现 与周边界面的互动联系
	口袋花园	周边公共空间缺失、环境品质差、公共服务设施不足、边角低效用地的空间活化利用	绿化品质提升 空间布局优化 全龄友好化设施设计 地域文化特色的体现
广场空间	市民广场	活力度低下、绿地品质差、与周边环境联系弱	环境品质提升 临时性活动的融合
	商业广场	配套业态升级、设施老旧、人气活力不足	景观品质整体提升 互动设施补充 临时展演活动空间补充
	纪念广场	环境品质老旧，可达性、开放性弱，与城市界面渗透性差，精神文化属性不足	空间布局优化 动线组织梳理 复合化功能植入 纪念性IP产品的结合
社区空间	社区街巷	环境品质老旧、停车空间无序、行人动线混乱	环境品质提升 绿化整理与提升 梳理组织车行路、人行动线 增加社区文化展示

空间类别		更新原因	更新内容
社区空间	社区广场	环境设施老旧、空间布局不合理	适老化、儿童友好、无障碍设施改造、智能化设施结合 公共活动空间补充与优化 文化特色提升
产业园区	科创办公园区、生产制造园区	产业升级转型、建筑功能置换、室外空间品质低下	优化空间布局，调整场地功能与园区功能、形象相符的综合环境提升 高新智能科技装置的结合 新型园区文化精神展示
校园空间	幼儿、中小学、大学	环境设施老旧、空间布局不合理、户外教学的需求	各年龄段特色场地设计 动线组织梳理 科普教育功能的植入
废弃遗址空间	废弃工业厂区遗址	厂区功能转变、原工业厂区拆改腾挪、遗址风貌保护、环境品质老旧	调整公共空间功能，优化场地布局 延续、再现场所精神内涵 保护并创新性利用原场地材料 融合历史教育、互动性活动
	废弃铁路遗址	铁路遗址保护、与城市空间割裂、废弃设施形象不佳	保留并利用原铁路设施 融合历史教育、互动性活动 以游憩功能为主的高线公园、遗址公园的打造

3.4.2 小结

　　城市公共空间更新既是自上而下的多层级规划指引，也是自下而上的人民共同参与和推动的城市改造行为。其涉及的空间类型尺度多元、功能多样，是城市风貌展示、社会公共服务、户外活动空间的主要载体，未来公共空间的建设将成为城市发展程度的重要评价指标。公共空间的更新在于重构空间活力，涉及城市绿地系统的生态修复、工业遗存的焕活再生、老旧环境的品质提升、剩余空间的潜力释放、滨水绿带的活力重塑等，以各种形态渗透城市结构与形态，影响着人们的日常生活。

3.5
市政设施类城市更新

　　城市更新是实现发展转型、功能拓展、民生改善、品质提升的重要途径，而市政设施类城市更新不仅是对城市"面子"的更新，更是对城市"里子"的更新，是提升城市公共空间品质、保障城市安全运行的重要抓手。其在补齐市政基础设施短板，提升城市基础设施综合承载力，稳步增强城市安全韧性能力等方面发挥重要作用。

市政设施类城市更新主要包含道路交通功能优化提升、街道空间品质改善、老旧管网更新改造、能源场站提质增效、因地制宜推进城市地下综合管廊建设，稳步推进数字化、智能化新基础设施建设等。

3.5.1 市政设施类城市更新分类

市政设施类城市更新内容及种类繁多，目前关于其更新标准及分类研究较少。本书根据市政设施建设内容、更新目标，并结合各类市政设施的更新案例，查阅相关文献和政策导向，将市政设施更新分为三大类六小类，具体如图3-6所示。

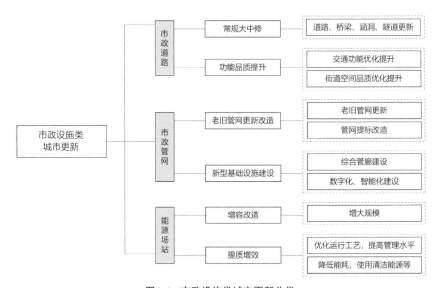

图3-6 市政设施类城市更新分类

3.5.1.1 市政道路

（1）常规大中修

常规大中修主要是在原道路设计标准下，对道路整段或局部路基、路面、铺装、标志牌等进行加固、改善、更新，道路沿线桥梁加固、构件更换，涵洞、隧道相关设施修缮或更新等，局部优化改善道路线形，优化交叉口、人行横道、公交站点等设置等。

常规大中修更新改造主要目标为消除路面、路基及铺装破损，设施老化缺失等问题，消除道路交通安全隐患，以保证道路结构稳定，车辆、人员通行顺畅，满足市政道路原设计功能需求。

（2）功能品质提升

1）交通功能优化提升

交通功能优化提升主要针对现状存在的交通问题，结合新的交通理念，更新改造道路交通设施，提升道路交通功能。如优化交通组织，改善道路节点，形成更好通行条件；结合绿色人文出行理念，优化慢行出行系统，改善盲道系统，构建安全、连续、通畅、舒适的慢行空间；结合轨道交通、公交线路优化公交站点布置等，创造高效融合的公共交通体系；结合智慧城市建设要求，无人驾驶等新技术应用，对道路进行数字化改造等。

2）街道空间品质优化提升

随着经济社会的发展，人民对周边生活空间的品质要求越来越高。城市道路作为城市公共空间的重要组成部分，其传统的单一交通功能定位已无法满足人民对公共空间的品质需求。因此，需结合新的理念及需求，对城市道路进行更新改造，提高街道空间品质，焕发城市活力和生命力，提高人民的幸福生活指数。

街道空间品质优化提升主要结合现状道路两侧的业态分析，通过绿化、构筑物美化、铺装优化、挡墙景观化、建筑立面特色化等方式，结合交通组织和人行感受，打造生态、人文、绿色、融合的城市街道公共空间。

3.5.1.2 市政管网

（1）老旧管网更新改造

1）老旧管网更新

老旧管网更新主要对材质落后、使用年限较长、运行环境存在安全隐患、不符合相关标准规范的城市燃气、供水、排水、供热等老化管道和设施等进行更新改造。如我国多地在发布的老旧管网更新改造实施方案中，要求对材质为水泥管道、石棉管道、无防腐内衬的灰口铸铁管道的供水管网和设施，对平口混凝土、无钢筋的素混凝土管道，存在混错接等问题的管道的排水管网以及运行满20年的供热管网等进行更新改造。

2）管网提标改造

结合新规范、新标准以及新的设计理念等对部分设计标准落后，防灾抗灾能力较低的市政管网进行提标改造。主要针对技术标准低，能耗高、污染风险大等市政管网，如提高雨水管网设计重现期，建设雨水调蓄设施，推进海绵城市建设等减少城市内涝风险，如合流制排水管网截流或分流制改造，减少污染物排放，改善城市水环境质量等。

（2）新型基础设施建设

1）综合管廊建设

城市综合管廊建设是集约利用地下空间、提高基础设施建设管理水平、提高市政管线安全水平和防灾抗灾能力、提升城市品质的有效手段。国家和地方多次提出并出具相关政策文件，要求加大城市地下综合管廊建设，其作为"十四五"期间城市管道更新改造的重要形式，结合架空线入地、管网更新改造、轨道交通建设等，因地制宜推动综合管廊建设。

2）数字化、智能化建设

数字化、智能化建设是市政管网升级改造的重要内容。2023年2月27日，中共中央、国务院印发了《数字中国建设整体布局规划》，指出要加强传统基础设施数字化、智能化改造。2023年6月16日，住房和城乡建设部在召开建设领域安全生产视频会议时也要求加快推进基础设施数字化、网络化、智能化建设和改造，加快运用新技术对城市水电气热等基础设施进行升级改造，建立基于各种传感器和物联网的智能化管理平台，提高市政基础设施运行效率和安全性能。

3.5.1.3 能源场站

（1）增容改造

能源场站增容改造主要是对现有站场运行规模或设备设施容量无法满足实际使用要求，增大处理规模。如增大给水或污水处理厂运行规模，增加能源站供热、供冷、供电、供气规模等。增容改造可以通过分期扩建，也可以在原有建设规模条件下，通过改造核心工艺或设备，提高处理效率，达到增容改造目标。

（2）提质增效

能源场站提质增效类更新改造主要结合新的规范、标准及政策要求，通过增加新的处理工艺，或使用新技术、新设备，或通过数字化、智能化改造，优化现有场站运行工艺和管理水平，提高场站运行效率，降低能耗，同时结合国家"双碳"目标要求，使用清洁能源，从而提高供给产品的安全水平，同时减少污染物排放。

3.5.2 小结

城市市政基础设施是城市的"里子",也是城市的"良心",是城市主体设施正常运行的保证,在城市化过程中都扮演着重要的角色。聚焦城市短板,开展市政基础设施更新改造,是现代城市化发展过程中至关重要的一个环节。通过对道路、场站、管道、综合管廊等方面的更新与升级,可以提升城市的品质和形象,提高运输效率、增强安全韧性、减少能源浪费、控制环境污染,为居民提供更好的生活环境和便利条件。

以绣花功夫实施城市更新行动,实现市政基础设施安全、集约、高效,系统整合、功能复合、环境融合。

参考文献

[1] 北京271座地铁站新增母婴设施 增加壁挂式婴儿护理台等[N].中国青年网，2021-07-09.

[2] 袁建光.我国城市公交车"衣食住行"之喜忧——城市公交基础设施建设现状浅谈[J].城市公共交通，2021（12）：12-5.

[3] 杨涛，孙永海.深圳公交场站规划建设模式转变探讨[C]，2012.

[4] 胡家琦，周军，梁对对.超大城市立体公交综合车场规划建设策略研究——以深圳为例[C]，2020.

[5] 郎建燕.土地资源紧约束下公交场站综合开发经验借鉴[J].特区经济，2015（8）：122-4.

[6] 南昌公交.南昌公交：持续完善场站布局，精准实施综合利用[Z]，2021.

[7] 深圳：建设有城市特色的示范性公交场站[J].中国建设信息化，2021（17）：44-5.

[8] 北京市人民代表大会常务委员会.北京市城市更新条例[Z]，2022-12-06.

[9] 智能建筑设计标准：GB 50314–2015[S].

[10] 国家机关事务管理局.中央国家机关老旧小区综合整治技术导则[Z]，2014-07-18.

[11] 中国城市科学研究会.中国城市更新发展报告2019—2022[M].北京：中国建筑工业出版社，2022.

[12] 中国城市规划设计研究院城市更新研究所.城镇老旧小区改造实践与创新[M].北京：中国城市出版社，2022.

[13] 刘刚，邹莺，毕琼等，中国建筑西南设计研究院有限公司.城市更新设计关键技术研究与应用[M].北京：中国建筑工业出版社，2022.

[14] 国务院办公厅.国务院办公厅关于全面推进城镇老旧小区改造工作的指导意见[Z]，2020-07-20.

[15] 仇保兴.设计先行 改造老旧小区[J].建筑，2019（23）.

[16] 吴晓坚.建设单位视角下S小区综合整治项目全过程造价管理研究[D].北京：北京交通大学.

[17] 余池明.城市公共空间管理简介[Z/OL].人文城市，2021-06-09.

[18] 李启军.广义视角下城市公共空间的构思与应用[J].规划师，2020（7）：69-74.

[19] 汪聪聪.片区统筹更新的国际案例与经验借鉴[Z/OL]，2022-06-17.

第4章

城市更新理念

"TOD、TOR、TOE"理念

TOD（Transit-Oriented Development，以公共交通为导向的城市发展）是一种城市规划理念，指以公共交通枢纽、车站等为核心，在步行可达的区域内尽可能提升住区、商业和娱乐空间开发量的开发模式，并且注重轨道交通周边环境的一体化和人性化设计。TOD由新都市主义代表人物、美国建筑师暨城市规划师彼得·卡尔索普（Peter Calthorpe）在20世纪90年代初提出，被世界各国广泛认可和实践，并逐渐形成适合各地国情的TOD实施路径。

住房和城乡建设部于2015年11月发布的《城市轨道沿线地区规划设计导则》从宏观、中观、微观三个层面对TOD的规划设计提出了建议，此后中国TOD依托政策支持迅速发展。目前，中国特色的TOD正实现从围绕车站到形成城市影响体系的转变，未来一个城市片区甚至是城市全域都会因城市公共交通而形成紧密结合、功能各异、特色鲜明、优势互补的整体，因此衍生出TOR和TOE两个以城市更新为导向的TOD分支。

TOR（Transit-Oriented Regeneration）是指以公共交通为导向的城市更新理念。传统TOD模式以单一增量开发活动为主，较少关注城市系统需求和社会公益效应。TOR模式更偏重存量更新，更关注通过轨道交通导向的开发在旧城区实现综合效益最大化而非单纯土地增值，更偏向长期动态协商优化而非整体或阶段性开发，从而实现：①提升轨道交通建设的交通效益；②提升区域城市形象的社会效益；③提升各利益共同体的经济效益。

TOE（Transit-Oriented Evolution，以公共交通为导向的城市演进）是公共交通站域空间整合演进的更新理念。相对TOR对存量更新中社会经济效益的关注，TOE更关注位于大城市中心区的轨道交通枢纽与城市空间和市民行为的协同作用体系。以公共交通为契机，TOE模式在大城市中心枢纽影响范围内通过各种交通方式的综合与协同，形成公共交通站域的综合交通体系，以此来整合城市空间和人的行为，对城市空间进行更新优化，以便更好地服务于人的行为，最终形成轨道交通站域一体化的城市系统。理论主要包含综合性、协同性和可持续性三个方面，强调城市、交通和人的互相协作形成的更新效应。

4.2 "以人为本、全龄友好"理念

城市服务的根本在于人。"以人为本"理念下的城市更新设计，要以人民为中心提升城市的居住品质和公共空间质量；要充分听取和满足人民的意愿；要更加注重与社会、人文、生态、经济的融合发展；要从过去单一效率主导的价值观转向基于以人为本和高质量发展的多元价值观。同时，要考虑不同人群需求，打造全龄友好化的城市空间，注重无障碍设施、适老化设计、低幼童设计、全感官识别设计等，在细微处展现人文关怀，创造更美好、更舒适、更便利的生活空间。

"全龄友好"理念是指通过规划和设计营造更高效、更积极的社会环境，服务和支持各年龄阶段的人群享受生活、保持身心健康、积极参与社会活动。其关键是围绕全人群、全生命周期、全生活场景进行城市规划、建设和更新。全龄友好的理念打破了无障碍仅仅是为残障人士服务的狭隘观念，旨在让有需求的群体能够更加广泛、平等、自主、便利地参与社会生活。其将老龄化与儿童友好理念融入城市规划建设管理的全过程，满足老年人全生命周期对美好生活向往的需要，兼顾民生和发展，营造安全便捷、健康舒适、多元包容的老年宜居环境；同时着力推进城市街区、公园绿地、公共交通等各类服务设施和场地的适儿化改造，加强儿童友好街区建设。

中央和各地对于全龄友好也从政策和法规层面予以了支持。2021年《北京市无障碍环境建设条例》颁布实施。条例的颁布，充分体现了小康社会的全面建成，彰显了社会文明的进步，也标志着一个多方位、全覆盖、多元立体的无障碍环境体系建设在法律支撑下逐渐走向完善。无障碍环境立法工作全面提升无障碍环境建设的规范化、人性化和精细化水平，切实增强人民群众的获得感、幸福感、安全感。雄安新区《关于推进交通工作的指导意见》中提出，围绕全龄友好、四季友好的创建目标，雄安新区的慢行交通系统将围绕社区生活圈，以步行活动组织公共空间。同

时，结合新区窄路密网的规划特点，在支路系统采用步行优先的设计策略，根据人的活动目的和活动范围分配街道空间。2022年的政府工作报告中提到"推进无障碍环境建设和适老化改造"，国家"十四五"规划《纲要》中明确提出将儿童友好城市建设列入重大工程，实现从"儿童友好型城市""老年人友好型城市"到"全龄友好型城市"的转变。2023年6月29日，我国颁布了《中华人民共和国无障碍环境建设法》。这是我国首次就无障碍环境建设制定专门性法律草案，在保障残疾人、老年人的基础上更好惠及全体社会成员，对无障碍环境建设和改造提出更高要求、丰富了无障碍信息交流内容、扩展了无障碍社会服务范围、强化了法律责任。2023年8月16日，住房城乡建设部办公厅、国家发展改革委办公厅、国务院妇儿工委办公室印发了《〈城市儿童友好空间建设导则（试行）〉实施手册》，进一步明确儿童友好空间的规划、设计、建设和适儿化改造要求，努力为广大儿童健康成长创造良好环境。

4.3
"绿色低碳"理念

2020年9月22日，习近平主席在第七十五届联合国大会上强调：中国二氧化碳排放力争于2030年前达到峰值，努力争取2060年前实现碳中和。

2021年9月22日《中共中央 国务院关于完整准确全面贯彻新发展理念做好碳达峰碳中和工作的意见》提出，强化绿色低碳发展规划引领。将碳达峰、碳中和目标要求全面融入经济社会发展中长期规划，强化国家发展规划、国土空间规划、专项规划、区域规划和地方各级规划的支撑保障。加强各级各类规划间衔接协调，确保各地区各领域落实碳达峰、碳中和的主要目标、发展方向、重大政策、重大工程等协调一致。在提升城乡建设绿色低碳发展质量方面，强调推进城乡建设和管理模式低碳转型。在城乡规划建设管理各环节全面落实绿色低碳要求。推动城市组团式发展，建设城市生态和通风廊道，提升城市绿化水平。合理规划城镇建筑面积发展目标，严格管控高能耗公共建筑建设。实施工程建设全过程绿色建造，健全建筑拆除管理制度，杜绝大拆大建。加快推进绿色社区建设。结合实施乡村建设行动，推进县城和农村绿色低碳发展。

生态环境部围绕落实我国新的二氧化碳达峰目标与碳中和愿景，组织编制"十四五"应对气候变化专项规划，制定二氧化碳排放达峰行动计划，加快推进全国碳市场建设，积极参与全球气候治理。逐步建立以碳排放、污染物排放、能耗总量为依据的存量约束机制。

2021年2月22日，国务院发布了《关于加快建立健全绿色低碳循环发展经济体系的指导意见》，提出：以习近平新时代中国特色社会主义思想为指导，深入贯彻党的十九大和十九届二中、三中、四中、五中全会精神，全面贯彻习近平生态文明思想，认真落实党中央、国务院决策部署，坚定不移贯彻新发展理念，全方位全过程推行绿色规划、绿色设计、绿色投资、绿色建设、绿色生产、绿色流通、绿色生活、绿色消费，使发展建立在高效利用资源、严格保护生态环境、有效控制温室气体排放的基础上，统筹推进高质量发展和高水平保护，建立健全绿色低碳循环发展的经济体系，确保实现碳达峰、碳中和目标，推动我国绿色发展迈上新台阶。

住房和城乡建设部 国家发展改革委 教育部 工业和信息化部 人民银行 国管局 银保监会《关于印发绿色建筑创建行动方案的通知》（建标〔2020〕65号）提出的创建目标：到2022年，当年城镇新建建筑中绿色建筑面积占比达到70%，星级绿色建筑持续增加，既有建筑能效水平不断提高，住宅健康性能不断完善，装配化建造方式占比稳步提升，绿色建材应用进一步扩大，绿色住宅使用者监督全面推广，人民群众积极参与绿色建筑创建活动，形成崇尚绿色生活的社会氛围。

从这些政策体系中可以表达出我国对于全面绿色低碳发展的决心。绿色低碳已经成为当前新型城镇化的主要发展与转型方向。城市更新作为城市发展中持续不断的动态阶段，要把绿色低碳理念贯穿于更新的全过程。

4.4

"有机更新"理念

国内"有机更新"理论是吴良镛先生在探索北京旧城改造途径的过程中提出的，其认为：从城市到建筑，从整体到局部，如同生物体一样是有机联系，和谐共处的，主张城市建设应该按照城市内在的秩序和规律，顺应城市的肌理，采用适当的规模、合理的尺度，依据改造的内容和要求，妥善处理关系，在可持续发展的基础上探求城市的更新发展，不断提高城市规划的质量，使得城市改造区的环境与城市整体环境相一致。城市永远处于新陈代谢的过程中，城市更新应当自觉地顺应传统城市肌理，采取渐进式而非推倒重来的更新模式。

可以说吴良镛的"有机更新"思想与理论是在我国经历了大拆大建的城市发展阶段后，对历史城市与街区更新提出的一种新思路。它是在"整体保护、有机更新、以人为本"的思想下，采取"小规模、渐进式"的更新手法，并鼓励居民"自下而上"的社会参与，挖掘社区发展的潜力。

随着中国城市发展进入存量发展的新阶段，"有机更新"的意义不再限于历史街区的保护与更新，而是扩大到城市整体的动态可持续发展。这一概念的内涵与外延也被重新界定，建构一种更具普遍性、广义的"有机更新"，以适应城市发展的新需求。

广义的"有机更新"不仅包括历史街区的保护更新，也包括老旧小区改造、老旧片区基础设施改造、工业厂房改造等多种模式。其目的在于使城市土地得以经济合理地再利用，促进城市可持续发展，为特定的地区带来经济、物质、社会和环境的长期提升。在实践中，广义的有机更新强调"有机"理念，注重产业导入和环境营造的有机结合。此外，广义的有机更新也需要政府、企业和社会各方面的共同参与和努力，形成共建共治共享的城市治理格局。政府可以通过制定优惠政策、提供资金支持等方式，吸引企业和社会各方面的参与，推动城市的有机更新和发展。同时，也需要加强政策支持和资金投入，为有机更新提供必要的保障和支持。

近年来，国内众多学者在研究实践中不断充实、完善、更新"有机更新"的理论内涵，使其更契合于当前城市发展的要求。例如"城市织补"理念，认为城市更新应该是一种有机的、持续的、长期的过程，需要通过对既有城市肌理的织补，实现新旧建筑和城市空间的混搭、融合、提升、再利用。该理念强调在城市更新中要注重保护历史文化遗产和传统文化，同时也要满足现代城市发展的需要。另外还有"新旧相生"的理念，认为新旧建筑需要相互关联且相互生发，通过保留有价值的历史建筑和遗产，增加新的建造，实现新旧建筑的叠加和融合。这样既可以保留城市的历史文化底蕴，同时增加现代设施和功能，满足现代城市发展的需要。包括上述理念在内的新的"有机更新"理念为城市更新提供了新的思路和方法，推动了城市可持续发展的进程。

目前，北京、上海、苏州等各城市都结合"有机更新"理念进行了广泛实践。例如北京红楼电影院改造工程、北京鼓楼周边院落保护性修缮和恢复性修建项目、上海地铁12号线南京西路站与历史风貌区一体化项目、苏州姑苏区历史街区保护更新等，各地的经验和案例可以为其他城市的有机更新提供有益的参考和借鉴。

4.5
"微更新"理念

"微更新"概念最早是住房和城乡建设部原副部长仇保兴在2012年"国际城市创新发展大会"分论坛上提出的。住房和城乡建设部2021年公布的《关于在实施城市更新行动中防止大拆大建问题的通知（征求意见稿）》中，也明确提出禁止"大拆大建"式的城市开发，推行小规模、渐进式有机更新和"微改造"，"微更新"已经逐渐成为城市治理的一种新趋势。

"微更新"是在保持城市肌理的基础上，通过一些工程量少、耗资少的小规模改造，让老旧街区重新焕发活力，从而带动区域和城市的发展。相比于"大拆大建"，这种"小修小补"式的建设虽然涉及的范围小，却能解决公众和城市的实质问题，从成本和施工难度的角度来看，也更容易实施，是一种"渐进式"的、尊重城市发展规律的更新方式。

值得一提的是，"微更新"更强调公众的诉求和参与，把公众放到首要地位，打破以往政府和市场主导的模式，让公众参与更新的全过程，最终呈现的效果更符合公众的意愿和区域特色，可以真正做到改善公众生活，也能让公众更有归属感和自豪感。

如今，全国许多城市已经针对"微更新"进行了相应的实践并出台了细化条例。北京市的社区更新改造由每一个家庭与居民共同参与，例如西城区白塔寺社区创办白塔寺会客厅，促进社区生活共同体的形成。广州市政府提出了"微改造"的城市更新模式，明确不再对老城区大拆大建，微改造以保留为主，对基础设施、市政设施、公共环境、楼栋内部及外立面实行改造，允许必要的新建等方式。上海则提出"多方参与、共建共享"，在此原则指导下，2016年上海市规划和国土资源管理局组织开展了"行走上海——社区空间微更新计划"，通过激发公众参与社区更新的积极性，实现社区治理的"共建、共治、共享"。这一计划使社区居民、专业人士与高校师生等不同角色参与到微更新行动之中，从而探索出一条社区微更新的新路径，推动了空间重构、社区激活以及生活方式和空间品质提升。

4.6

"公园城市"理念

2018年2月，习近平总书记在考察成都天府新区时作出"突出公园城市特点，把生态价值考虑进去"的重要指示，首次提出"公园城市"理念。自此，成都正式拉开公园城市建设的序幕。2022年3月，由国家发展改革委、自然资源部、住房和城乡建设部印发《成都建设践行新发展理念的公园城市示范区总体方案》。随后对标国家三部委联合印发的示范区总体方案《成都建设践行新发展理念的公园城市示范区行动计划（2021—2025年）》编制出台，深圳市、上海市也相继发布《深圳市公园城市建设总体规划暨三年行动计划（2022—2024年）》和《上海市"十四五"期间公园城市建设实施方案》，积极响应公园城市这一生态文明建设新理念。

公园城市理念主张"以人为本"的生态文明建设，体现"人、园、城"三者的和谐共生，是将城市生态、生活和生产空间与公园形态有机融合，使绿色生态渗透到城市各空间的新型城市建设和更新理念，通过城市公园绿地系统的布局优化和品质提升，建设全面公园化的城市景观风貌。

公园城市理念的核心价值在于公共和公平。良好的生态环境和绿地资源应当作为普惠的民生福利，面向社会公众开放并鼓励共同参与。公园城市理念将公园体系与城市空间相融合，打造开放、共享、连续、广泛的城市公园系统，使居民能更好更快地亲近自然、拥抱自然，均等地享受城市日益提升的生态环境品质。

在人类社会与自然环境关系的不断探索中，国内外先后提出许多生态文明建设理念。最早由英国建筑学家霍华德提出的"花园城市"理论，强调城市建设要突出园林绿化，保护生态环境，避免人类活动无限扩张破坏自然生态，但最终得以保护的美好生态成为有钱人独享的"奢侈品"。如今我国在城市发展新阶段提出的"公园城市"理念，吸收了"花园城市"对于重视生态保护，突出绿化建设的思想精华，并突破性地提出将生产生活与生态环境相融合，将公众参与与规划设计相协同的新思想，使绿色成为人人可享的公共资源。相比西方"花园城市"，更具人文关怀，更能体现以人为本的社会主义核心价值观，是具有中国特色的城市更新和生态文明建设理念。

践行公园城市理念，需要结合各省市独有的地理资源、文化特色和社会发展水平等，以全面的"城市体检"为基础，实施针对性的更新改造。目前成都、上海、深圳等地已逐步开展公园城市建设实践，并分别提出构建城市—区域—社区—口袋公园等多类多层级公园体系，强化专类公园和主题公园建设，贯通绿道网络等多种指导性方针和举措，对全国开展公园城市建设起到示范和带头作用。

"城市双修"理念

"城市双修"理念于2015年召开的中央城市工作会议中首次提出，会议明确提出"要大力开展生态修复，让城市再现绿水青山""要加强城市设计，提倡城市修补"。2017年3月6日，住房城乡建设部印发《关于加强生态修复、城市修补工作的指导意见》，安排部署在全国全面开展生态修复、城市修补（以下简称"城市双修"）工作，明确了指导思想、基本原则、主要任务目标，提出了具体工作要求。《指导意见》要求2017年各城市制定"城市双修"实施计划，完成一批有成效、有影响的"城市双修"示范项目；2020年"城市双修"工作初见成效。

"城市双修"是治理城市病，改善人居环境，推动城市健康发展的有效手段。"城市双修"理念包含两方面内容：一是生态修复，即用再生态理念，因地制宜修复被破坏的自然环境要素，改善城市环境质量，重点针对自然环境；二是城市修补，即用更新织补手法，拆除违法建筑，修复城市设施，整治景观风貌，补充公共空间，塑造地域特色，重点针对建成环境。二者的相互促进和融合将推动构建和谐共生、生态宜居的城市图景。

2017年城市发展与规划大会"城市更新与低碳发展分论坛"上，相关专家提出了"城市双修"十大任务：生态修复方面包括山体、水体、城市废弃地的修复治理和绿地系统的完善优化；城市修复方面包括基础设施、公共空间、交通出行、老旧小区的填补改善和历史文化、时代风貌的保护塑造。

自2015年"城市双修"理念首次提出后，全国各地陆续开展相关实践工作，分批公布试点城市，推进城市双修计划的实施。2015年6月10日，住房城乡建设部将三亚列为"生态修复、城市修补（双修）"首个试点城市，并开展三亚红树林公园、东岸湿地公园的修复建设工作。2017年3月22日，住房和城乡建设部将福州等19个城市列为第二批生态修复城市修补试点城市。2017年7月14日，住房和城乡建设部印发《关于将保定等38个城市列为第三批生态修复城市修补试点城市的通知》，将保定等38个城市列为第三批"城市双修"试点城市。"城市双修"的实践项目主要分为城市河道、湿地、山体（山河海）治理类，如海口五源河湿地公园、三亚东岸湿地公园、哈尔滨群力雨洪公园等；城市棕地修复类，如矿坑遗址公园，钢厂、煤气厂等工业遗址公园；棚户区、老旧小区综合环境整治类，重点进行社区环境及服务设施提升；交通市政规划设计类，重点加强交通联系、缓解交通压力、提升出行品质。根据不同类别的城市双修项目，需要认真开展原址调研，明确痛点和需求，在总体规划指导下制定详细科学和可操作的实施计划，提出针对性的修复策略。

4.8
"智慧城市"理念

习近平总书记2020年在浙江考察时指出："让城市更聪明一些、更智慧一些，是推动城市治理体系和治理能力现代化的必由之路，前景广阔。"国家"十四五"规划明确提出"坚定不移贯彻创新、协调、绿色、开放、共享的新发展理念，分级分类推进新型智慧城市建设，建设城市大脑和数字孪生城市"，对当前城市发展提出了更高层次的要求。

"智慧城市"是在"数字城市"和"智能城市"基础上发展进化的新理念。与后两者相比，智慧城市在综合数字化、人工智能技术之外，利用信息交互、云计算等新型信息科技实现城市各单元的连接，其覆盖的范围更加全面，决策的过程更加智慧，受众群体也更加广泛，影响着全社会生产生活环节。"智慧城市"理念就是把城市本身看成一个生态系统，城市中的市民、交通、能源、商业、通信、水资源等构成其中一个个的子系统。这些子系统彼此相互联系、相互促进。由于过去科技力量的不足，这些子系统之间因缺乏信息交互无法为城市发展提供整合的信息支持，导致城市各子系统割裂孤立。而在未来，借助新一代的物联网、云计算等信息技术，可以将城市中的各类基础设施整合连接，构建智慧化基础设施体系，共同为上层城市规划设计提供实时、高效、准确的数据信息。综合来看，智慧城市理念的核心是利用新一代信息技术来提升政府、企业、民众与环境、社会的交互方式与响应效率，未来将涉及智慧交通、智慧教育、智慧医疗、智慧管理等人类生产生活的方方面面。

智慧城市的技术框架主要由四个层次构成，即基础感知层、中间网络层、平台层和顶端应用层。其中感知层以物联网技术为基础，主要承担数据感知和信息收集的使命，包含手机、PC端、摄像头等设备；网络层和平台层则是将通信网、互联网、物联网等渠道收集到的信息进行分析处理；应用层是整个智慧城市技术框架的终端，按需将分析处理后的数据应用于不同主体和领域，包含物流、教育、交通、应急指挥等各应用系统。智慧城市与城市更新的融合则主要体现在智慧化的服务体系中，利用大数据和互联网信息技术，整合城市原本碎片化的服务资源，将其更加直观地展现在市民日常生活中，促进城市智能化发展，提升人民生活效率。

为提升公民生活质量，许多国家启动了智慧城市建设计划。美国在基础设施、智能电网等方面进行重点投资与建设；欧盟启动智慧城市和智慧社区建设，聚焦提升能源使用效率。以智慧街区为例，荷兰UNStudio公司在荷兰赫尔蒙德的Brandevoort区设计了愿景为"全球最智慧街区"的项目并且目前正在开发中。这一全新街区采用灵活的规划设计理念，根据每位业主的需求边设计边建设，打破固有的预先计划模式。街区的建设运用最新科技，包括循环性、居民参与、社会安全、健康、数据、运输技术和独立能源系统，让每个居民都有机会接受、处理、共享与生活息息相关的各类信息和数据，共同促成一个独立循环、可持续发展的生活环境。实时共享的数据信息也将重新融合景观、建筑和公共空间的关系，提升街区使用效率和质量水平。

由于社会形态的不同，国外智慧城市建设的主体往往是一些高科技企业及科研机构，因此仅侧重于某几个领域，缺乏对城市整体进行智慧化规划。我国智慧城市建设发展至今，主要以各地政府为主导对整个城市进行规划，建设主体以及建设规模与欧美国家相差较大，如智慧广州的建设，就是在政府的谋篇布局和大力支持下，广州联通积极配合打造了"智慧广州"。截至2022年底，住房和城乡建设部公布的智慧城市试点数量已经达到290个。我国正在朝着高质量智慧城市建设逐步迈进。

参考文献

[1] 成都市规划设计研究院.成都市轨道交通TOD综合开发战略规划,2021-03-18.

[2] 郭少锋,芦晓昀,刘义钰.从TOD到TOR:存量语境下轨道交通引领城市更新策略研究[J].规划师,2022,38(3):76–81.

[3] 丁洪亚.亚洲大城市中心区轨道交通站域整合演进现象与策略[D].重庆大学,2017.

[4] 阳建强.城市更新[M],南京:东南大学出版社,2020.

[5] 阳建强.城市更新与可持续发展[M].南京:东南大学出版社,2020.10.

[6] 韩迪,乔莹,卢锐.以标准为抓手,构建全龄友好无障碍环境[J].北京规划建设,2022(2):19-22.

[7] 吴安宁.慢行网络:全龄友好 四季友好[N].河北日报,2019-12-17.

[8] 绿色低碳导向 规划设计引领[N].中国建设报,2021-12-30(005).

[9] 中国城市科学研究会.中国城市更新发展报告2019—2022[M].北京:中国建筑工业出版社,2022.

[10] 王凯."双碳"背景下的城市发展机遇[J].城市问题,2023(1):15-18.

[11] 李婧:城市更新,如何"以人为本"?[Z/OL].

[12] 吴岩,王忠杰,束晨阳等."公园城市"的理念内涵和实践路径研究[J].中国园林,2018,34(10):30.

[13] 窦瀚洋.让城市更聪明一些、更智慧一些[N].人民日报,2022-09-05(5).

[14] 吴建平.智慧城市建设的核心理念与应然路向[J].国家治理,2022(24):4.

第5章

城市更新
案例实践

产业与居住类

01 北京城建设计发展集团总部办公区更新改造

Beijing Urban Construction Design & Development Group Headquarters Office Zone Renewal and Renovation

项目地点：中国 北京
Project Location: Beijing, China
项目功能：办公
Project Function: Office
项目规模：2.2万m²
Project Scale：22000m²
设计时间：2016年
Design Time：2016
竣工时间：2020年11月
Completion Time：Nov. 2020
关键词：总部办公，陶土砖幕墙，屋顶花园，更新改造
Key Words：Headquarters Office，Terracotta Cladding，Rooftop Garden，Renewal and Renovation

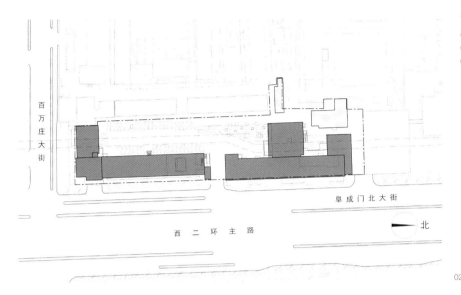

01 改造后A座办公楼
02 总平面图
03~05 改造前建筑现状

02

摘要： 北京城建设计发展集团总部办公楼始建于20世纪70年代，老旧建筑的空间模式和场地环境与新时代功能需求和办公模式无法匹配，建筑面临着本体和场所空间双重身份的转换，建筑形象的延续和空间模式的蜕变是建筑自我的一场革命，建筑的更新无一不是对城市的更新添砖加瓦，物理场所的环境更新也将重塑新的城市精神。

Abstract: The headquarters office building of the Beijing Urban Construction Design & Development Group was initially constructed in the 1970s. The aging structure's spatial layout and site environment no longer align with the modern era's functional needs and working mode. The building faces a transformation in its intrinsic identity and spatial context. The continuation of its architectural image and the metamorphosis of its spatial patterns signify an architectural evolution from within. Every renewal in the building contributes to the rejuvenation of the city at large, and the physical site's environmental enhancements will also reshape the city spirit.

03

1 原建筑功能

北京市西城区阜成门北大街5号建成于20世纪70年代，现作为北京城建设计发展集团总部办公楼，为员工提供了办公、会议、图文、食堂、停车等功能，陪伴了一代又一代城建设计人的成长。在北京市西二环沿街接近200m的城市界面，以及从园区流过原西护城河改成的地下盖板河，都使得她成为城市历史记忆重要组成部分，其建筑形象也影响着西二环历史风貌保护区。经历过唐山大地震的她走过了40余年的建筑生命，建筑结构体系已无法支撑更长的历史使命，办公楼亟须一场蜕变。

04

2 改造原因与难点

原建筑结构体系经鉴定已为危楼，存在较大安全隐患，更新改造迫在眉睫。整个院落场地比较局促，院落环境与最初的办公场所有所背离：在狭窄的用地范围内，多个单层平房拥挤在一起，空地见缝插针停车，挤占了公共空间，同原西护城河的位置也缺乏历史记忆上的联系，场所精神缺失；现有的两栋办公楼为砖混结构筒子楼。开间和层高均较小，室内空间非常局促。小隔间的空间格局也无法适应现代化办公的发展；现状建筑设备老旧，没有喷淋、烟感等消防设施。冷媒管、强弱电桥架、排水管、厨房排烟道等多种管线在室内外明装，不美观，也存在极大消防隐患；建筑在20世纪90年代经过一次结构加固和立面装修，呈现折中主义风格，与城市形象和企业精神都存在较大偏离。

05

06

07

3 改造后功能与特点

3.1 形式表征的延续——立面重塑

当年的老建筑为清水红砖墙，取材北京的红砖材料，彰显了历史的材料记忆和城市风貌。改造后建筑选用红色陶土砖作为立面材料，材料的延续是为了更好地达到立面形式的材料语言延续，陶土砖幕墙结合方格化的建筑立面窗洞，都逐一按照老建筑的窗洞尺寸复原，并通过窗侧花砖的"涟漪"，扩散到整个红砖幕墙的方格体系。由于建筑是东西向，朝向二环的窗套向南转角15度，以表达对阳光的欢迎。红砖幕墙加上黑色转角窗套以及花砖的拼贴，形成了新材料、新技术条件下的形式语言，最终确定的干挂陶土砖开放式幕墙体系成为建筑新时代的形式表征。陶土砖为纯手工烧制，每一块砖的颜色和肌理都因人工介入变得与众不同。5种颜色，随机交替干挂，以表达岁月侵蚀的真实与厚重。65种模数，实现了多种砌筑图案的构建。从生产、运输、排版、干挂，陶砖幕墙经过了数十道人工工序，这是对传统技艺的尊重，也是对工匠精神的完美诠释。

临城市道路采用三玻两腔中空玻璃窗，在车水马龙的二环路边，营造静谧的办公环境。经过6次配方实验而成的深灰色玻璃，沉稳庄重，与红色的陶土砖墙相得益彰，正如西米奇的论述"建筑的外立面是其对公众的脸面，也是市政的妆容"。这次建筑立面的重塑，完成了对建筑和城市的双重"救赎"。

3.2 空间模式的焕新——灵活的办公空间

原有"筒子楼"式空间体系受限于砖混结构类型。新时代的办公空间需要适应多频次交流、健康人性化、灵活多变的办公场景。正如亚历山大的描述"有许多小房间，少数大房间，还有许多局部隔断的空间，通常它们以各种方式相互连接着"。这种空间模式语言的转变也呼应了新时代的办公性质和节奏。项目改造赋予建筑丰富的功能：健身房、多功能厅、咖啡厅、展厅、图书馆、学术报告厅等，为员工健康工作提供物理空间和柔性支持。办公区里，将私密电话间，小型讨论室、中型会议厅、休闲水吧、岛式卡座等一系列的公共空间，穿插其中，这样"灵活的办公空间"带来了不同场景的工作体验。

06 A座办公楼西侧庭院
07、08 改造后沿西二环路外观
09 改造后A座办公楼吊索楼梯
10、11 改造后立面细部
12 A座办公楼门厅北侧庭院

08

09

10

11

12

13

3.3 艺术介入——UCD美术馆

建筑不仅是实现功能的场所,也是展现艺术的载体。为了实现"UCD美术馆"的美好愿景,建筑本身既是值得雕琢的艺术品,也是作为艺术品的容器和舞台。通过与多位艺术家展开合作,在不同点位,根据空间需求置入艺术作品,使艺术品与场所高度契合。在建筑中穿行,一件件迎面而来的艺术品犹如华彩乐章,令人流连。"UCD美术馆"的概念超越了普通的办公空间,将空间模式语言进行了新的进化。

3.4 空间形式的进化——尊重历史又创新的结构设计

原建筑的底层装配式框架+小开间砖混结构,经检测鉴定不满足抗震安全性要求,需进行整体加固改造,设计创新性地采用了钢框架结构+逆作法实施结构方案,实现了改造目标。在改造加固设计中,充分利用原结构桩基础及地下室结构,A座首层通过中间"人字形"柱将上部结构中间柱荷载均匀分布到地下室原桩基承台上,既节省了基础造价,也充分体现了对历史的尊重。门厅和学术报告厅由7个矩形多腔钢管混凝土柱形成主要抗侧力体系,提供双层大跨度无柱空间,结构方案兼具建筑美感与结构安全,为门厅报告厅的使用提供了多种可能性。地下餐厅顶盖为景观绿化和水池,结合采光天窗的布置,采用600mm厚大跨度现浇预应力空心楼盖体系,取消了中间柱,既优化了餐厅空间,也减少了地下室开挖深度。A座南侧大楼梯由各楼层悬挑,各层悬挑梯段、平台变化较大,创造了丰富观景体验的同时,也使得结构受力复杂,设计采用箱形薄板结构,同时采用吊索增加结构的稳定性和舒适度,既满足了结构承载力要求,又达到结构轻盈的目的。

14

15

16

13 改造后开敞办公区
14 改造后咖啡厅
15 改造后报告厅
16 改造后多功能厅
17 改造后内院夜景

17

3.5 空间软环境的升级——主动式的智能化建筑

老的办公环境充其量是人和建筑二维分离的状态，在室内人员的小呼吸能通过智能化的设备感知空气CO_2、$PM_{2.5}$浓度、温湿度等，将之传递到建筑的大呼吸，通过设备和自然环境交换空气及能量。设计对建筑设备系统整体更新升级，实现了建筑在节能、舒适、健康方面的智能化应用。中控室设置智能运维平台，所有设备的运行状态和数据实时传送显示在大屏上，物业根据大数据调整设备运行模式，使设备运行降低能耗，提供最大舒适度。在主动式建筑的基础上，设计力求建筑更加智能化，员工使用手机App即可进行健身、图书借阅、停车、购物、会议预约，智慧办公无处不在。通过改造，人和建筑不再是二维分离的状态，而是网络化的"生命共同体"。

3.6 场所重构——"可感""可观""可游"的多样化空间体验

两栋现状办公楼地下部分进行结构加固，红线范围内一些年久失修的单层建筑予以拆除，整合为新建门厅、学术报告厅和北配楼。院落南侧保留了银杏树林遮盖的机动车停车场。北侧作为入口礼仪广场，设置景观水池和喷泉，绿树掩映，

树影婆娑。水池里的采光天窗，为水池下方的员工餐厅带来丰沛阳光和活力，银杏树、水池这些可触及的要素共同点缀了空间体验的景观环境。让客户能够感受到企业的总部形象，让员工及访客在闹市窄长的基地中能够观赏自然和四季的景色，员工在繁忙的工作中有体验感，随着空间位置的变化，在游走的过程中，有赏心悦目的风景能够放松心情，在愉快的环境中诗意地工作。同时每一处建筑屋面都被充分利用，成为工间休闲和室外展览的空中花园。空间的整合将原来不存在的庭院空间形成全新的体验模式语言。室外空间体验不再是单一的二维感知，已递进到三维的感触和沉浸，带入到生活情境，这样才能形成有趣的多样环境。新的空间模式下，园区景观致力于达到"可感""可观""可游"的多样化空间体验。

城市场所的文脉在于老护城河岁月的记忆，场地的建筑和护城河发生着关系，地上景观水池形态呼应了河流走向的脉动，企业场所的文脉在于员工的历史记忆，原场地的银杏树得以保留，延续了员工的历史回忆。场地的整合不仅仅是空间功能的组织和形态的演化，更是文脉延续在场所视觉感受的隐喻回应。

产业与居住类

18

19

20

21

18 屋顶花园
19 改造后阳光展厅
20 地下餐厅
21 空中庭院前厅
22 从门厅看向景观水池

22

4 改造效益

建筑的更新是城市复兴的一部分，本项目中的西护城河，数十年里在地下默默发挥作用，几乎被人遗忘。通过对场地的织补，银杏树林、铺装、水池及其他环境要素的唤起和提示，将城市的文脉在基地得以彰显和延续，同时保留了几代员工的记忆；建筑的体量与形态被充分保留，通过陶土红砖和方格窗户的形式表征，复兴了城市街道风貌；内院各种砖混小平房的拆除整合，将空地留给景观营造，将二维视觉元素升级为可观、可感、可游的空间体验，对于基地周边居民楼也是环境的一次提升。两栋砖混结构的主楼通过结构加固改造，灵活的办公空间更加适应新时代的功能需求；建筑的智能化建构了人与建筑的"生命共同体"，艺术的介入创新了空间模式语言，实现了进化。

建筑更新必将带动城市的更新，这不仅体现在建筑空间的变化，也反作用于企业文化及软实力。作为一个设计公司的总部办公楼，这里成为培育美学修养进而创造美学作品的场所，无处不在的艺术呈现，与项目愿景"UCD美术馆"相匹配，充分彰显了企业内涵和城市精神。

5 经验与思考

总部办公区的设计和施工前后历经了接近4年时间，中间经历了很多现场和外在的困难阻碍，更加灵活多样的办公空间，更加立体复合的室外景观环境，更加人性化智能化的办公场所是我们努力实现的目标，"UCD美术馆"阐述的在艺术馆中办公是我们追求的愿景。时间周期的拖长和改造项目现实的问题很容易让设计在现实面前妥协，难能可贵的就是时刻保持初心，坚定原则，在此原则下才实现了延续历史的红砖外立面及尊重护城河历史的场地文脉展现。同样，项目的全过程也有值得我们反思和总结的问题：如在北京市中心区距离居民楼很近的情况下怎么统筹考虑景观、停车、噪声及外立面材料等；不同的改造项目条件下如何斟酌处理成本和效果的权衡；景观性格和场地不同空间的匹配；办公空间和系统超前化设计及公司发展的预留和匹配等，每个改造项目受限于业主的需求和投入成本的不同都会有出入，需要不断深入探讨，以结合业主需求和现状建筑条件统筹制定合理的改造方案。

23 内院水景
24 门厅室内
25 A座办公楼西立面细部
26 水吧
27 图书馆看向内院
28 空中庭院

23

24

26

27

25

28

02 新动力金融科技中心（原北京动物园公交枢纽）更新改造
New Actuation Fintech Center (formerly Beijing Zoo Transport Hub) Renewal and Renovation

产业与居住类

项目地点：中国 北京
Projcet Location: Beijing, China,
项目功能：办公，公交枢纽
Projcet Funtion:Office, Bus Hub
项目规模：10万 m²
Architectural Scale：100000m²
设计时间：2019年12月
Design Time：Dec. 2019
竣工时间：2020年12月
Completion Time：Dec.2020
关键词：交通枢纽，新型办公，TOD，屋顶花园
Key Words: Transport Hub, Modern Office Mode, TOD, Rooftop Garden

01

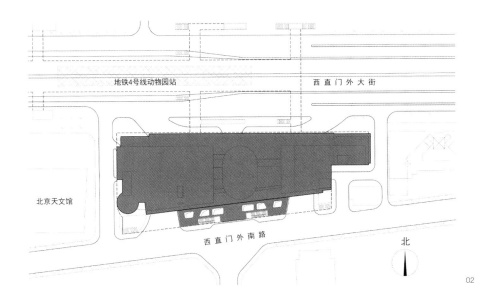

地铁4号线动物园站　　　　　西 直 门 外 大 街

北京天文馆

西 直 门 外 南 路

北

02

摘要： 从昔日"老动批"到今日"新金科"，从进深较大的商业空间到充满活力的办公空间，从场地矛盾到与城市空间友好对话，它承载了旧的城市记忆，并实现了华丽的新生。

Abstract: Transitioning from the former wholesale market of the old zoo to today's modern financial technology center, from expansive commercial spaces to vibrant office areas, and pronounced site contradictions to harmonious dialogues with the urban space, the project preserves the city's historical memories while achieving a magnificent rebirth.

03

1 原建筑功能

2004年建成的动物园公交枢纽采用立体的交通模式解决了用地与环境问题，地下衔接地铁站与动物园地下通道，首层架空作为公交场站，地上二层至九层进行商业开发，开发产生的效益支持项目建设与枢纽运营。由于当时市场需要，原设计的高端商业变为"小商品批发市场"，与周边建筑一同构成了名噪一时的"动批"。

04

2 改造原因与难点

2018年，项目所在区域被定位为具有国际影响力的金融科技示范中心，肩负着"动批"区域产业转型的历史重任。原建筑主要问题包括：内、外装修破损严重；原设计为商业建筑，进深较大；设备管线老化；节能、消防已不满足现有规范要求；下部公交噪声、运营环境对上部开发影响较大。此外，新型的办公空间对智能化、服务设施配套等都有更高要求，原有建筑从空间、装修到设备设施都不能满足新功能的需求。

01　更新后北立面
02　总平面图
03　公交场站（改造前）
04　北立面（改造前）
05　室内（改造前）

05

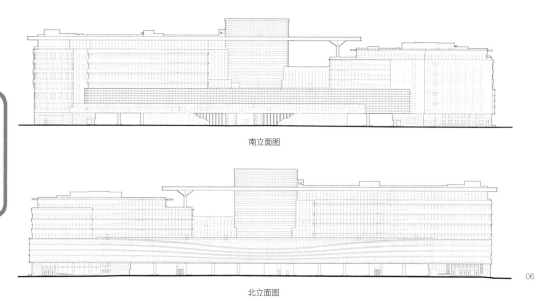

南立面图

北立面图

06

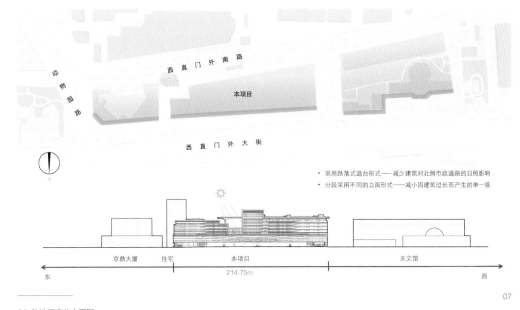

- 采用跌落式退台形式——减少建筑对北侧市政道路的日照影响
- 分段采用不同的立面形式——减小因建筑过长而产生的单一感

06 改造后南北立面图
07 为了不对城市道路产生连续阴影，将整个建筑分为三段处理
08 北立面夜景

3 改造后功能与特点

3.1 尊重街道空间的立面更新

建筑位于西外大街南侧,为了不对城市道路产生连续建筑阴影,将整个建筑分为三段处理,让光线可以穿过建筑照到北侧路面上。改造基本保留原建筑形态与风貌,采用横向线条,造型简约,突出立体感,与周边建筑相协调。建筑南侧的二层平台与城市广场对应衔接,形成了步行尺度的城市公共空间。

3.2 激发创新活力的办公空间

现代的办公理念强调通过沟通与交流碰撞出火花,提高创新能力。建筑提供了多层次的交流共享空间,二层作为办公人群的主要集散口,包含了出入口、展示空间、咖啡厅、会议、会客、健身、交往休息等多种服务功能;每层都设置了水吧、会客空间、讨论室、休闲区、室外平台等多层次的公共交流空间;全楼采用5G智能办公系统,提供了线上的信息交流平台。

3.3 看得见风景的大厦

充分利用建筑得天独厚的景观资源,每层都以退台方式形成室外平台,使用者可以非常方便地到达各层室外空间。屋顶花园作为服务于星空会议厅的户外延展空间,在这里可以俯瞰西外大街与动物园城市景观。

3.4 全天候的活力建筑

富于动感的夜景照明体现了枢纽的公共性,让建筑在夜晚也能表现出地标特征,起到引导公交客流的作用。

3.5 绿色低碳的智能化建筑

室内设备能通过智能化自动感知空气中的CO_2、$PM_{2.5}$浓度、温湿度等,并与自然环境交换空气及能量。打造5G智慧楼宇新标杆,为入驻企业提供全新一站式智慧服务,为客户提供舒适的智慧办公体验场所,为业主提供高效的智慧化运营管理方式。本着降本增效、绿色环保、安全可靠的目的,利用云计算、移动互联网、大数据、AI等技术,提升建筑环境治理能力,实现绿色发展,提供智慧化运营管理服务。基于人脸+App,实现通行工作生活人性化、无感知体验。

---

09 南侧城市广场
10、11 建筑南侧的二层平台与城市广场衔接
12 顶层信息发布大厅——星空会议厅

09

10

11

13

14

15

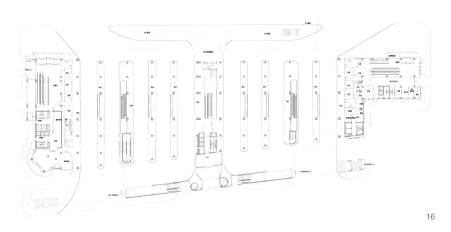

16

17

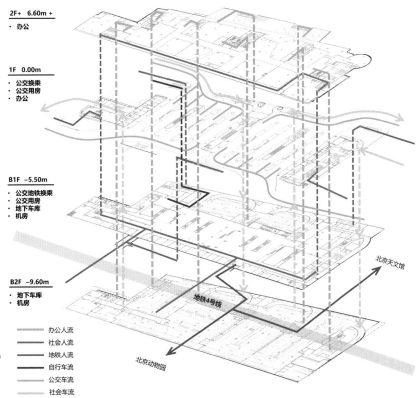

2F+ 6.60m +
· 办公

1F 0.00m
· 公交换乘
· 公交用房
· 办公

B1F –5.50m
· 公交地铁换乘
· 公交用房
· 地下车库
· 机房

B2F –9.60m
· 地下车库
· 机房

北京天文馆

地铁4号线

北京动物园

13 二层展示长廊（改造前）
14、15 二层展示长廊（改造后）
16 首层平面图
17 二层平面图
18 综合流线分析图

办公人流
社会人流
地铁人流
自行车流
公交车流
社会车流

18

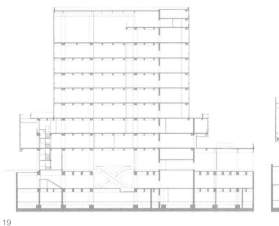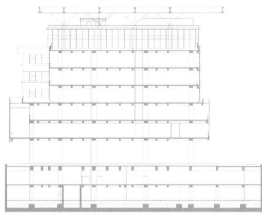

19

19 剖面图
20、21 公共交通与城市功能的融合

20

3.6 创新结构设计

功能的变化对原结构造成影响，需进行结构整体分析和加固改造。考虑到公交枢纽和地铁换乘功能，改造设计采用减震技术，结合建筑功能在合适位置布置高性能摩擦阻尼器，提高了结构的等效阻尼比，改善了结构的抗震性能，减小了主体结构承担的地震作用，进而有效减少了结构构件加固数量，节省了工程投资。增设的阻尼器占用场地少，对原结构损伤小，施工速度快，利于建筑交通流线的布置。

改造在保证首层公交正常运行的前提下，于建筑南侧新增钢结构上人平台，增设的结构柱既可满足公交车对转弯半径的要求，又充分结合地下室柱网情况，在其外墙顶和柱顶生根，减弱对地下结构的影响。

项目改造难度最大的部分当属九层的大空间报告厅，须切除中心框架柱。在综合考虑工期因素和造价因素的基础上，采用保留既有梁体系—新增钢结构—形成组合截面梁的大跨方案，成功完成屋顶抽柱。改造工序充分考虑了实施过程中切割、托换的施工过程，引入临时竖向支撑的措施，明确钢结构分段数量、分段部位及焊接要求。

4 改造效益

建筑采用TOD建设模式，改造以"经济、合理、节约、绿色、低碳、环保"为设计理念，降低公共交通的负面影响，扩大公交辐射范围，使公共交通与城市功能相融合。通过产业升级，打造一流金融科技办公环境，让建筑焕发新的活力。项目被国家发展改革委评为"全国盘活存量资产扩大有效投资典型案例"，并在全国推广。

5 经验与思考

回看整个新建与改造过程，TOD理念虽然是我们一直追求的方向，但在实操过程中会遇到很多问题：如不同城市功能的管理界面划定，地铁与建筑的建设时序不完全一致，公共交通场站的噪声与振动控制，交通流线与开发流线的分离，等等。这些问题都需要前期做好策划，明确项目的责任主体进行统筹建设管理，设计方则需要采用灵活布局、预留接口等措施为建筑与市政设施的衔接提供可行性。

21

03 北京红楼电影院改造
Renovation of Beijing's Honglou Cinema

项目地点：中国 北京
Project Location: Beijing, China
项目功能：藏书阁，书吧，咖啡厅
Project Function: Library Pavilion, Book Bar, Coffee Shop
项目规模：1325.5m²
Project Scale：1325.5m²
设计时间：2017年3月
Design Time：Mar.2017
竣工时间：2018年11月
Completion Time：Nov.2018
关键词：电影院，建筑改造，公共藏书楼
Key Words: Cinema, Building Renovation, Public Library

01

摘要：红楼电影院经过全新改造，变身为全国首创的"互联网＋"新型公共文化服务设施——红楼公共藏书楼，不仅在功能空间上提升了城市主题环境品质、增强了区域活力、为公众提供一个高品质的公共空间，通过建筑更新刺激文化经济的复苏，让公众重遇红楼，畅享书香。

Abstract: After a renovation, Beijing's Honglou Cinema transformed into the country's first "Internet +" new public cultural service facility - the Red Building Public Library, which not only improves the quality of the urban theme environment in terms of environmental space but enhances the regional vitality, provides the public with a high-quality public space, and plays a far-reaching and positive role in culture. The renovation of the building plays a positive role in guiding society, stimulating the recovery of the cultural economy, and allowing the public to reencounter the Red House and enjoy the fragrance of books.

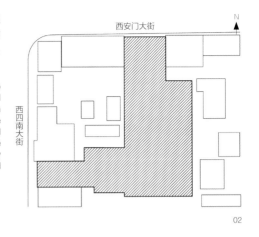

1 原建筑功能

建筑始建于20世纪30年代，原为红楼球社，1945年改为红楼电影院。红楼电影院是北京市第一家宽银幕立体影院、第一家"无障碍影院"。建筑西侧为商业，东侧为电影放映厅及配套用房，层数1层，局部2层。

2 改造原因与难点

原建筑年久失修，存在结构安全隐患，且不满足消防安全要求。原影院单个放映厅的功能无法满足如今的市场需求，经营状况不佳。建筑身处老城区的核心区，改造施工困难。影院与周边建筑紧密贴邻，既要减小施工改造对周边环境的影响，保留原有场地关系，又要在城市界面很好地展示改造后的藏书楼。

01 改造后西立面
02 总平面图
03、04 改造后主空间

03

04

3 改造后功能与特点

3.1 创造复合功能，满足市场需求

项目改造目标是将原功能单一的电影院升级成包括藏书、阅览、咖啡厅、展览、演播厅、办公、举办讲座及其他公共活动等多功能的公共建筑。在藏书楼中设置适量的商业空间——咖啡厅，既可为读者提供必要的商业服务，改善阅读空间体验感与舒适感，也为藏书楼的正常运营提供一定的经济支持。

3.2 延续历史记忆，传承北京文化

位于西安门大街的影院主入口连同其他沿街建筑在数十年的使用过程中经历了多次立面改造，使原建筑立面完全被淹没。本次改造设计，去除了建筑表面的外装饰，恢复了红楼电影院的原始立面，唤起了北京人对这座拥有70年历史的老建筑难以磨灭的文化记忆。藏书楼西入口斜对面是充满京味儿的正阳书局和拥有800多年历史的全国重点文物保护建筑"万松老人塔"，改造设计将建筑二层立面扭转，角度正好朝向正阳书局和万松老人塔，形成视线上的对话，体现文化的传承。

3.3 重塑空间形态，提升建筑品质

改造设计将原二层放映室改为演播厅，可在此进行访谈、录播等活动。在一层放映厅设置一座超大台阶，既可以供大众阅读休憩，也可作为演播与演讲活动的观众席，充分利用空间。与此同时，在原有建筑中植入两个光院子，形成立体的光影序列，丰富了空间层次。内部装修采用新型材质，新老建筑材料的对比，有效提升了原建筑空间的品质。屋顶设置了花园，读者可在屋顶花园俯瞰老北京风貌。

4 改造效益

改造后的"公共藏书楼"为城市提供了一个新型的文化设施，为项目的市场化运作打下坚实基础。红楼公共藏书楼吸引了源源不断的观众、读者前来体验，新型的图书入藏方式也实现了藏书楼众藏、共阅、分享的核心理念，已经成为北京的"网红"打卡地。

5 经验与思考

建设单位、运营团队和设计团队三方在项目筹划、设计、实施全过程中始终保持着良好的沟通与互动，为了最大程度地实现运营功能，设计师介入了运营规划，真正让老建筑得到活化、实现新生。建筑改造与室内装修一体化设计，确保建筑师的设计理念贯彻到每个细节，极大提升建筑与室内空间设计的实现度与完整性。

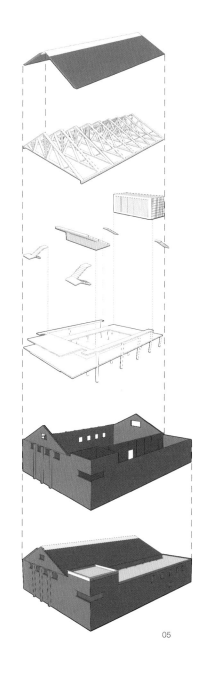

05

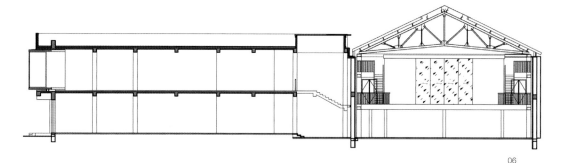

06

07

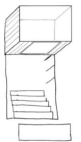
演示模式

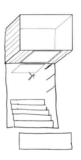
演讲模式

表演模式

录像模式

05 分析图——打破与重组
06 剖面图
07 改造后主空间
08 改造后演播室

08

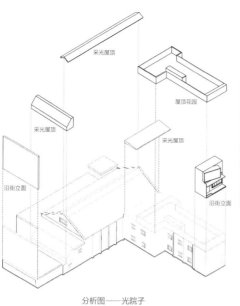

采光屋顶

采光屋顶

屋顶花园

采光屋顶

沿街立面

沿街立面

分析图——光院子

09

10

11

12

13

04 砖窑里·北京市海淀区西三旗砖窑工业遗址改造

BRICKKILN LANE. Renovation of the Xisanqi Brick Kiln Industrial Heritage Site in Haidian District, Beijing

项目地点：中国 北京
Project Location：Beijing, China
项目功能：展厅，商业配套
Project Function：Exhibition Hall, Commercial Facilities
项目规模：5068m^2
Project Scale：5068m^2
设计时间：2021年1月
Design Time：Jan. 2021
竣工时间：2023年6月
Completion Time：Jun. 2023
关键词：砖窑，工业遗址，城市更新
Key Words：Brick Kiln, Industrial Heritage, Urban Renovation

01

摘要：海淀区西三旗砖窑历经半个世纪岁月，见证了北京市基建的高速发展，随着所在地区从"建材城"向"科学城"的业态升级。如今，承载着深厚历史、沉寂数年的砖窑，转变为集商业、服务、展示、休闲为一体的区域核心公共空间。

Abstract: After half a century, Haidian District, Xisanqi brick kiln witnessed the rapid development of Beijing's infrastructure, with the region from the "building materials city" to the "science city" of the industry upgrade. This brick kiln, imbued with rich history and dormant for many years, has been transformed into the core public space of the region, integrating commerce, service, exhibition, and leisure.

1 原建筑功能

砖窑工业遗址位于海淀区西三旗街道建材城西路南侧，坐落在原北京市砖瓦总厂的一隅。砖瓦总厂曾拥有砖窑50余座，为国务院及中南海地下工程、每一座"北京十大建筑"供应了大量的青砖和黏土砖。20世纪50—70年代，伴随砖厂的繁荣发展，周边建起了一批建材加工企业及配套区，直至2012年砖厂正式关停，几代人曾围绕着它工作与生活。

2 改造原因与难点

经过多年的城市发展，砖窑遗址南侧已由老旧工厂升级改造成为创新型科技产业园区，与东侧的学校、幼儿园，北侧和西侧的居住小区共同形成园区组团，废弃的砖窑与周边城市景象格格不入。除此以外，砖窑整体房屋经鉴定结构危险性等级为D级（整栋危房），尤其高耸的烟囱已成为邻近学校、幼儿园及公共空间极大的安全隐患。作为具有历史记忆的砖窑，如何在现阶段发挥地理优势，补足周边缺失的城市功能，是本次更新改造的难点。

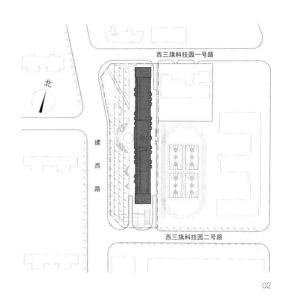

02

01 改造后整体效果
02 总平面图
03 改造前砖窑鸟瞰图
04 改造前砖窑外景
05 改造后入口广场

03

04　05

产业与居住类

上台0.6m
现状4.6m
下挖2.0m
5.2m
38.0m
1.6m
-2.0m
-2.0m
0.6m

绿化景观 7.00m　　砖窑主体 19.70m　　下沉广场 10.00m　　绿化景观 24.00m

3 改造后功能与特点

3.1 延续建筑表征——建筑语汇的延续与演变

砖窑遗址原内部环状窑道为主要的烧砖空间；沿窑道两侧排列设置的54个门，进出砖坯与成砖；窑道顶部屋顶设置投煤孔投送燃料；窑道中间的总烟道连接中部烟囱，排出烟尘及多余的热量。由于54门轮窑尺度较大，砖窑两侧设置了砖附壁支撑窑体。

改造后的建筑完整保留了砖窑的整体形态，54个门洞位置保持不变，转换为建筑外门窗。主要出入口增加了与窑门贴合的黑色弧形钢板，在解决雨篷功能的同时为建筑增加了具有时代感的元素。窑门周边、扶壁侧面呈现出原有砌砖方式的构造细节。改造后扶壁延续原始位置，使原扶壁因结构支撑呈现的不规则设置，赋予了建筑立面总体对称又隐含不规则的变化。为削弱原烟囱对周边安全的影响，此次更新降低了烟囱砌筑总高度，在烟囱顶部设置钢结构的标识来补充高度损失，同时复原了原烟囱口部细节做法。

3.2 构建空间层级——场地及建筑空间的深度挖潜

为实现有效的空间高度及使用效率，建筑主体结合场地设计向下挖潜，下沉场地中形成面向建筑的层层退台。由此场地被自然地划分出横向和纵向组合的分区序列，使平面景观演化为立体景观。建筑主体基本保留在城市空间视觉上的原有高度，由于向下延伸2m，创造出将空间分成两层的条件，以实现更完善的功能，也为打造屋顶花园创造了可能。通过场地挖潜，场地及建筑的空间形态均得到有效的拓展、系统性的升级。

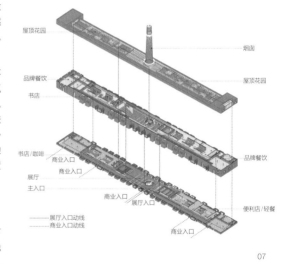

屋顶花园
品牌餐饮
书店
书店/咖啡
展厅
主入口
商业入口
商业入口
展厅入口动线
商业入口动线
商业入口
展厅入口
烟囱
屋顶花园
品牌餐饮
便利店/轻餐

3.3 植入复合功能——有机的功能组织

砖窑作为工业遗址的建筑主体，其功能设定包含了对老工艺、产品、年代特色等的展示，同时所在街道期望改造后的使用功能与周边业态相结合，满足科技园区企业展示需求，并提供小而精的便民服务设施。

结合不同交通流线的组织，使室外空间、科技展厅、老工艺展厅、商业空间、屋顶花园等，既有明确界面，又互相结合、响应，使用清晰且彼此依存。

烟囱所处的中部区域设置为开敞的展厅空间，突出其位置的标志性；沿场地西侧打造通长通高的展廊，成为内部空间的主要形象表达区域；建筑东侧利用两层夹层空间打造静态商业和配套功能，减少对学校及幼儿园的干扰。屋顶作为室内空间的延伸，可为商业提供较大面积的外摆场所，使景观的营造从场地持续到建筑主体。

06 改造剖面示意图
07 改造功能及流线分析示意图
08 改造后扶壁砌筑细节
09 改造后主入口
10 改造后整体效果
11 改造后入口记忆环

10

11

12

13

12 改造后烟囱
13~15 室内空间实景图

3.4 融入时代技术——工匠精神的新时代体现

在不破坏建筑原始厚重感的基础上，采用了一系列引入自然光的措施，改善原建筑主体的封闭属性。中部展厅上空采用全开放钢结构采光天窗，根据光照角度计算确定结构与装饰构件的高度，可在展厅内仰望室外烟囱全貌又避免眩光干扰。沿展廊上空采用通长条形天窗，创造自然采光及自然排烟的条件。配套功能区屋面在原投煤孔的位置，设置成组的光导管，既引入自然光又呼应了原砖窑构造。

为确保建筑空间内部更纯粹，项目降低机械排烟方式的使用率，并设置地下夹层集中排布管线；室内送风形式采用地面送风，降低风管对室内空间的影响；为保证建筑原始形态的有效呈现，在满足消防规范的情况下，取消了常规屋顶水箱间设置，在地下消防泵房设置气压罐顶压补水。

3.5 强化符号特征——室内装修的性格特质

展厅、展廊上部根据砖窑内部原始空间形态，复原弧顶造型，使自然光在室内形成不同形态的光影变化，让使用者感受时间的交错和历史的碰撞；展廊内墙面复原砖砌肌理，还原墙体外观的体量感和厚重感；内部结构及墙体选取内敛的清水混凝土质感，以衬托砖材质的效果；栏杆、镂空吊顶等细节采用钢骨架和钢网格，以此表达原始的工业风格。

3.6 景观与建筑互融——有机的整体设计

砖窑遗址的场地环境是其建筑空间的延伸。时间的轴线贯穿了场地形态的演变，表达了不同时代场地活动的切换与多维的场所精神。在文化传承性、自然生态性、景观活力性、视觉整体性四大原则下，场地景观设计为"一核一轴一横三片区"的空间结构，其中文化记忆展示区、中央核心景观区、儿童活动区、交谈洽谈区四大功能分区，围绕着建筑形成一系列故事脉络，仿佛在讲述砖窑遗址公园的前世今生。

3.7 重建场所精神——城市空间的华丽变身

砖窑遗址公园从被人遗忘的角落转变为区域的核心公共空间。无论是在此讲述历史的老工人、新科技路演的企业，还是闲暇时间来此休憩活动的周边居民，"可观""可感""可游"的多样化空间体验，都可使人们感受到场所文脉的延续和变化，体会砖窑遗址呈现出的勃勃生机。

14

15

16

17

18

19

20

21

4 改造效益

砖窑改造的初衷是将这座承载了西三旗地区历史和荣耀的工业遗址，打造成融合生活温度与时尚文化的载体。更新后的砖窑，将区域历史记忆、自然生态空间、群众情怀，与周边产业、居住、商业相互融合，充分发挥了历史工业遗产的现代价值与社会价值，营造了公共交流和文化休闲空间，成为西三旗街道实现从"瓦片"到"芯片"蝶变的又一个缩影。

5 经验与思考

2020年砖窑工业遗址改造设计启动时，北京市城市更新的相关政策、条例等还未实施。在海淀区政府、规委、建委、街道等职能部门的大力协调下，在停车、绿地等方面制定了一系列支持政策，项目得以最终实施落地。2023年3月正式实施的《北京市城市更新条例》提到"要牢记城市更新不是大拆大建，要坚持敬畏历史、敬畏文化、敬畏生态，要传承历史文脉，保护城市风貌，留住乡愁记忆……以绿色、智慧、健康、安全、韧性等新理念引领的城市更新将贯穿整个北京城市更新的全过程。"这是每个城市更新项目应该实现的结果，也是西三旗砖窑工业遗址改造项目的真实呈现。

北京怀柔红砖建筑群改造项目

Beijing Huairou District Red Brick Building Group Renovation Project

产业与居住类

项目地点：中国 北京
Project Location: Beijing, China
项目功能：民宿
Project Function: B & B（Bed & Breakfast）
项目规模：2400m²
Project Scale：2400m²
设计时间：2019年5月
Design Time：May. 2019
竣工时间：2020年12月
Completion Time：Dec.2020
关键词：厂房，红砖建筑，民宿改造，微更新
Key Words: Workshop, Red Brick Building, Accommodation Renovation, Micro-Update

01

摘要： 从废旧的红砖厂房到新晋的网红民宿，从跟不上时代发展的"危房"到融于青山绿水的"红房"，十二栋红房子承载年代记忆的同时也实现了自身华丽的蜕变。

Abstract: From a derelict red brick factory to a newly trending boutique guesthouse, from a dated "hazardous building" unable to keep pace with the times to a "red building" harmoniously blending with verdant hills and waters, the twelve red houses not only bear the memories of bygone eras but also achieve a magnificent transformation.

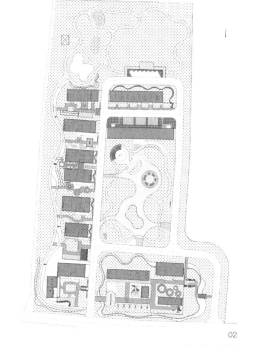

02

01 改造后实景
02 总平面图
03 改造前实景
04 改造后实景

03

04

南立面图　　　　　　　　　东立面图　　　　　　　　　剖面图

1号院支摘窗

05 改造后航拍图

2号院方格窗南立面图

3号院喇叭口窗南立面图

4号院竖格栅窗南立面图

第5章　城市更新案例实践　　127

06

07

08

1 原建筑功能

原建筑建成于20世纪70年代，为典型的红砖厂房建筑群，是集烧制、加工、存储为一体的陶瓷制品生产厂房。由于产业的转移，工厂废弃，在很长一段时间，这里是被人们遗忘的角落，多数红砖外墙破损，室内梁架腐朽，屋面多处塌漏。

2 改造原因与难点

2019年初随着周边景观环境的改善，废旧建筑的再利用提上日程，在尊重原建筑的前提下采用微更新的方式进行改造设计。因此，如何判断老旧建筑修缮范围与尺度，如何保留红砖年代的记忆，植入新的功能，对景观、设备、市政设施进行一体化更新是本项目的难点。

3 改造后功能与特点

3.1 一院一名花，一诗一古画

项目定位为高端住宿，将十二栋房子划分为十个以花卉命名的院落，形成"一院一名花，一诗一古画"的理念，使室外种植与室内装修相呼应，诗情与画意同主题。

3.2 修旧如旧，新旧交融

改造尽可能维持原建筑形态与风貌，最大化保留既有红砖，剔除、更新破损砖块，在保留外墙的前提下嵌入钢结构体系与内保温系统，保证室内舒适性。建筑屋面替换成红色机制瓦，门窗更新为红木色喇叭口金属门窗，简洁现代的造型与古朴的红砖产生质感的对比，将新与旧的界限区分明确。檐口部位设实木"椽子"突出建筑的年代感。精细化的外檐设计有效地提高了项目的完成度，使得十二栋红房子建成后与周边环境相得益彰。

3.3 室内外渗透，与环境相融

房子周边设小桥流水与慢行步道，围墙以"红砖花砌"为主，点缀"月亮门"与"陶罐"，使围墙成为景观的一部分。院子内保留现状水井与古树，最大化保留历史记忆。午后的阳光从树冠的缝隙中洒下，形成舒适的门前活动空间。房子门前设暖廊式玻璃屏风，将红房子包裹其中，屏风内的红砖墙面，采用"人字缝立砌"的方式，提升墙面艺术效果，红色墙面犹如玻璃橱窗内的艺术品向外展示。室内装修同样紧扣花卉主题，使得室内外景观形成互动。十二栋红房子影印在绿色的景观环境里，小溪与湖泊环绕周边，形成怀柔水库边上的新晋网红打卡地。

09

06、07 改造后建筑细部
08 改造后建筑内景
09 改造后实景
10 改造后建筑外观

10

11

12

4 改造效益

每个年代的建筑都有其特定的材料特点，随着社会的发展，技术的更新，像"红砖"这种带有年代特点的建材在逐步淘汰，我们没有选择通过"拆除重建"实施更新，更希望能保留住"红砖"的年代感，使其转化为民宿的景观元素之一，进而转换为带有"旧"未必是"丑"的感觉，反而可以通过"微更新"凸显出其"怀旧"属性的住宿体验。

怀柔水库边上的十二栋红房子正是这样一座带有年代气息且新旧交融的民宿建筑群，项目在解决老旧建筑改造问题上做出了积极的探索，重塑其价值。室内与室外的渗透，建筑与环境的融合，营造出"新"与"旧"的对比。从废旧的红砖厂房到新晋的网红民宿建筑群，从跟不上时代发展的"危房"到融于青山绿水的"红房"，十二栋红房子承载了年代记忆的同时实现了自身华丽的蜕变。

5 经验与思考

在整个改造过程中我们一直贯彻"微更新"的理念，实操过程中需要大量的精力去判断老旧建筑的修缮范围与尺度。在保证外墙不拆除的前提下将砖混体系转化为钢结构体系，对施工水平有着较高要求，临场变更较多。

13

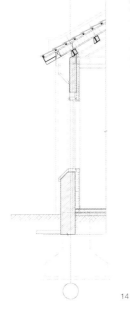

14

11 改造后鸟瞰图
12、13、15 改造后实景
14 墙身详图

15

06 十里居装修改造项目
Shiliju Renovation Project

产业与居住类

项目地点：中国 北京
Project Location: Beijing, China
项目功能：办公
Project Function: Office
项目规模：1961.69m²
Project Scale：1961.69m²
设计时间：2018年3月
Design Time：Mar.2018
竣工时间：2019年9月
Completion Time：Sep.2019
关键词：总部办公，立面塑造，空间再造
Key Words: Headquarters Office, Facade Shaping,
Space Remodeling

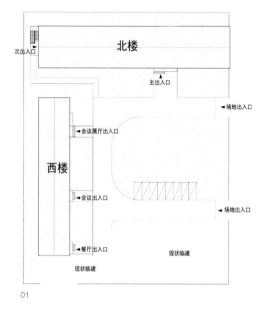

01

02

摘要： 由原建筑的图书仓库功能改造为企业总部办公，从城市与建筑的相互关系来确定建筑改造的立意与方向，打造了具有企业特点的总部办公新形象，丰富了建筑的公共空间，为企业营造舒适、安全、绿色的办公场所。

Abstract: The original building's library storage function has been transformed into corporate headquarters offices. The concept and direction of the building renovation were determined through the interplay between the city and architecture. This has created a new corporate headquarters image that reflects the characteristics of the company, enriched the building's public spaces, and provided a comfortable, safe, and green office environment for the company.

1 原建筑功能

北京市朝阳区十里居13号院始建于1998年，总用地面积5600m²，总建筑面积1961.69m²。原为北京发行集团中小学教材书库。北楼二层，框架结构，红砖外墙，钢桁架屋架，彩钢板屋面。西楼单层，砌体结构，钢桁架屋架，瓦屋面。

2 改造原因与难点

原建筑弃置多年，经结构鉴定已为危楼，存在安全隐患，不能继续使用。随着北京市功能调整和产业疏解，改造为国企总部办公场所。

3 改造后功能与特点

3.1 关联城市，重塑场地竖向关系

原场地标高高于城市道路1.5m，进出场地的坡度较大，存在出入不便的使用问题。通过降低场地标高，增加了建筑室内外高差，并减少了场地与城市道路高差，既满足防涝要求，又改善了人们进出场地及建筑的安全感和舒适度。新建的场地中心景观通过退台辅以植物过渡，使场地环境及建筑形象向城市展示出来，融入城市街道的整体风貌中。

3.2 强化骨骼，结构体系加固再生

原结构已不能满足现有结构安全规范和功能使用需求。对现状建筑开展结构安全鉴定后，通过将既有砌体结构改造为钢筋混凝土框架结构，对墙下条形基础进行加固，并更换了北楼钢屋架，而西楼钢屋架保留继续使用，为新的功能创造条件，激活建筑空间活力。

3.3 空间再造，创造舒适办公环境

建筑改造中拆除原有建筑的内部墙体，根据新的功能需求再造空间布局。北楼建筑改造为办公及会议空间，由于原内部楼梯位置居中影响空间使用，将其调整至建筑端部。加大窗口采光面积，改善内部采光条件。建筑内部装饰风格简洁大方、色调明亮，通过铝格栅将墙面与顶面进行整体装饰，呈现出建筑空间与材料艺术的完美融合。

3.4 立面再造，塑造特有韵律

立面窗洞采用统一的"喇叭口形"元素，洞口均匀分布，注重细节处理，赋予建筑立面特有韵律，强化简洁有力的建筑形象。建筑出入口采用黑色金属板的外置盒子，作为立体门斗，与立面内凹的窗洞口元素形成互补，不仅从功能上提供了进入建筑的过渡空间，也从视觉形象上强化了建筑入口的标识性和引导性。

03

01 总平面图
02 改造后建筑外观
03 改造前北楼实景
04 改造前庭院实景

04

05

06

4 改造效益

本项目保持了原始的三面围合的庭院形态，围绕着中间的花园，点缀着落叶树，营造了非正式的交流聚会空间，渗透入城市环境。保留原有坡屋顶和加固原有结构，同时设计了新的立面元素，在城市空间中注入现代气息。

建筑更新改造有效提升了街道形象。改造将庭院营造与城市互融放在首位，打通场地庭院与城市的空间联系，使场地环境及建筑形象融入城市街道整体风貌中。更新改造有效改善了办公品质与使用安全性，实现了使用单位对功能空间的需求，同时挖掘建筑的精神文化内涵，在既有建筑环境中融入时尚与创意元素，创造了简洁、新颖、时尚且符合时代的建筑形象和办公空间。

5 经验与思考

随着经济的发展，当今越来越多的企业希望通过总部办公建筑来表达企业文化、体现企业形象，因此，对于企业办公总部类的改造需着力挖掘企业文化与办公特点，充分将企业文化与建筑造型、内部空间、材料表达等相结合，将企业总部建筑打造为企业文化的物质载体，使员工拥有舒适高效又独一无二的办公体验。当然在改造过程中，也不能因为是企业总部而一味追求独特性、差异性，过度追求"炫酷"的效果，而是要在塑造企业形象和适度设计中达到一种平衡。

07

08

09

05 改造后鸟瞰图
06、09 改造后西楼实景
07 改造后北楼立面
08 改造后北楼实景

07 北辰购物中心改造项目
Beichen Shopping Center Renovation Project

项目地点：中国 北京
Project Location: Beijing, China
项目功能：办公
Project Function: Office
项目规模：30163.90m²
Project Scale：30163.90m²
设计时间：2019年9月
Design Time：Sep.2019
竣工时间：2023年12月
Completion Time：Dec.2023
关键词：购物中心，改造，垂直中庭，结构一体化
Key Words: Shopping Center, Renovation，Vertical
Atrium，Structural Integration

01

摘要：北辰购物中心兴起于北京亚运会，与时代共同走过了30年，曾是周边居民重要的消费场所。2019年北辰购物中心开始改造升级，根据新的功能需求，重塑新空间、提升外观形象，更好地适应新型商业的需要。

Abstract: Beichen Shopping Center emerged from the Beijing Asian Games, has been with the times for 30 years, and was once an essential place of consumption for the surrounding residents. In 2019, Beichen Shopping Center started to renovate and upgrade, remodeling the new space and upgrading the appearance image according to the unique functional needs to better adapt to the needs of the new type of business.

1 原建筑功能

北辰购物中心建于1988年，是1990年北京亚运会的配套项目，总建筑面积为15185m²，地上2层，地下2层，地上为商业餐饮，地下为车库、设备机房和人防，结构形式为板柱＋剪力墙形式。1997年根据市场需要，进行了项目的扩建，地上层数增加至5层，建筑高度增加到23.95m，加建部分的结构形式为钢混凝土柱＋钢梁的结构体系；2003年为了满足竖向交通和消防疏散的要求，在建筑的西侧分别增加了客用电梯、货运电梯、疏散楼梯。

2 改造原因与难点

中国互联网经济的兴起、商业模式的变革，给实体经济带来了巨大的冲击，北辰购物中心这样的老品牌因为建筑老旧、业态单一，于2018年12月正式停业。

2019年底启动更新改造工作，由于项目经历多次加建、改造，导致多种结构形式并存；建筑整体为长方形，南北长150m，东西进深30m，建筑形态呆板；建筑西侧与现状三栋高层公寓贴邻，防火间距不满足现行规范要求。

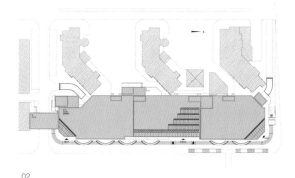

02

01 改造后鸟瞰图
02 总平面图
03、04 改造前入口外观

03

04

06

07

05

05 改造后沿街照片
06 改造后北厅照片
07 改造后南厅照片

3 改造后功能与特点

3.1 新空间——植入垂直中庭使空间更丰富

结合建筑自身特点与周边建筑、环境的关系，研究建筑的有利条件，设计利用面向安立路的150m建筑展示界面，通过设置三个垂直中庭将建筑竖向分割为三段，每段的长度约40m，将中部空间定义为主空间，成为建筑视觉中心和空间中心。中庭设计通过错位、退台、叠合等手法将其活化，让空间更灵活、更丰富。建筑与城市之间通过三个中庭联系更加密切，并融合为一体，在视觉感知上形成互动关系，在空间上形成互通和相互之间的延续。

根据现状条件，为了更好地利用采光和展示面，将办公功能设置在建筑的东侧，辅助功能布置在建筑的西侧。在南段、中段、北段设置三个办公入口大堂，结合大堂设置竖向交通核，为业主提供可分可合的灵活出租方式。

3.2 新形象——变换设计手法塑造新立面

原建筑体量方正，像一个长方形盒子置于城市之中，沿安立路方向竖立一堵24m高的铝板墙，整体平淡、呆板，缺乏层次感和进深感，对于城市就像一道空间和场地的分隔屏障。

本次改造将有条件采光通风的东、南、北三个方向外墙完全打开，设计为单元式的玻璃幕墙，立面风格整洁、大气；在有通风开窗要求的办公部位设置了金属通风盒，将各层的金属盒子连成竖向的整体，在立面上形成有韵律的线条。在南、中、北三段结合大堂位置把幕墙竖向线条简化，使其更加通透，内部大堂空间展现给城市，在空间上形成互动和呼应。由于本建筑与西侧建筑为贴建关系，为了满足防火规范的要求，西立面仅开启了少量的、必要的外窗，同时也避免了建筑之间的视线干扰。

08

09

10

3.3 新结构——统一结构形式使建筑更安全

原建筑的地上结构为两种形式，体系复杂，很难进行结构抗震的计算，本次改造设计中将其进行了整合，即将首、二层柱的板柱－抗震墙形式以及三至五层的钢混凝土柱＋钢梁形式都改为了框架－抗震墙形式。空间是建筑的灵魂，为了满足建筑的需求，将首层至屋顶的15棵原结构柱和与其连接的结构梁、结构楼板进行拆除，形成了贯穿建筑地上各层的三个中庭空间，外墙和顶板采用"L"形空间玻璃幕墙体系进行封闭，幕墙的结构自成体系。中庭部分新增加的幕墙高24m，其钢柱从地下一层结构柱顶生根，顶部钢梁与主体混凝土结构相连。

3.4 新生态——引入自然通风采光让室内环境更舒适

通过玻璃幕墙、屋顶玻璃天窗的设计，将自然光线引入建筑的内部，解决了室内的采光和通风；同时中庭将各层有机联系在一起，通过退台逐层向上扩大，各层通过中庭实现与自然的联系，使空间变得更加通透，环境更加舒适。

4 改造效益

改造以充分发挥建筑东、北两个方向沿街的优势，在建筑与人行道之间通过150m长台阶、景观与城市环境进行有效的联系，改善了城市空间环境；立面与中庭的改造充分向城市展示了建筑的特征，使建筑与城市更好地融合；新商业品质的提升为周边提供了休闲、购物的好去处，提升了项目的品牌形象和吸引力，形成区域的活力中心。

5 经验与思考

由于单体自身条件的限制和改造效果的要求，改造力度大，给建筑结构带来了巨大挑战，设计团队充分利用专家资源深入研究协调论证，为项目顺利实施提供了保证。改造过程中发现现状和原竣工图纸差异较大，导致设计出现了一定的变更量。细节决定成败，优秀的设计方案需要通过实施才能完美地落地实现，在施工过程中，要严格把关、精准控制，有问题要及时纠正，这样才能把作品完美地呈现出来。

08、09 改造后中厅照片
10 改造后南厅照片
11 改造后幕墙及天窗

11

北京中科致知百年实验学校改扩建项目

Beijing Zhongke Zhizhi Centennial Experimental School Renovation and Expansion Project

项目地点：中国 北京
Project Location: Beijing, China
项目功能：学校
Project Function: School
项目规模：21000m²
Project Scale: 21000m²
设计时间：2019年6月
Design Time: Jun. 2019
竣工时间：2021年6月
Completion Time: Jun. 2021
关键词：学校更新改造，开放多元的空间
Key Words: School Renovation, Open and diverse space

产业与居住类

01

摘要：学校定位的转变导致校园空间需求发生了变化，本项目通过立面改造、室内空间环境的更新等，营造了独特的校园文化，为学生提供了多元的学习环境和多样的学习方式。

Abstract：The change in the school's positioning has resulted in a shift in campus space requirements. This project, through facade renovations and updates to indoor spatial environments, has created a distinctive campus culture, offering students a diverse learning environment and a variety of learning methods.

01 改造后鸟瞰图
02 总平面图
03、04 改造前实景
05、06 改造后景观

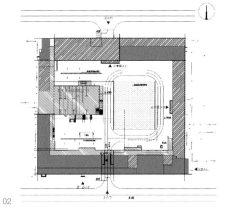

02

03

04

05

06

1 原建筑功能

北京中科致知百年实验学校原为北京市朝阳区百年实验学校，招生对象主要为进京打工人群子女。2010年底因崔各庄城乡一体化建设，启动住宅类房屋土地腾退搬迁政策，学校停止办学。2011年改为朝阳区最大的社办示范校，以国学教育为特色。后因各种原因，学校再次停办，一直处于荒废状态。

2 改造原因与难点

2019年学校定位发生了转变，希望打造成一所中西文化和谐共生、中西教育相得益彰的全龄化国际学校，于是启动了校园的更新工作，并更名为北京中科致知学校。国际化的学校需要与传统校园不同的空间，而原校园存在以下问题：房间不具备多功能转换的条件；缺少公共交流空间和可容纳大型活动的室内空间（如体育馆、报告厅等）；立面风格不统一等。

3 改造后功能与特点

3.1 与周边建筑风格统一的沿街立面

学校东临红砖美术馆，西靠一号地艺术区，为了与周边整体风格协调统一，建筑更新后的沿街立面以红砖风格为主。利用不同的砌筑方式，形成序列感，局部采用石材，丰富立面效果，提升了街区形象

3.2 多元开放的室内空间

本次改造在校园基础功能上，植入了水吧、讨论室、休闲区等空间，为学生提供了公共交流的场所；通过优化管理，餐厅在满足自身功能的同时，也为学生提供休闲、聚会、自习、活动的空间；通过改造普通教室为创客空间、STEM教室、艺术视觉教室等，为师生们提供更多的实践探索机会。

3.3 自然庭院式校园

通过楼宇围合在校园内部形成了一个自然景观庭院，教学楼与报告厅、风雨操场各部位局部半开敞的室外走廊与楼梯、庭院空间相结合，形成了丰富的教学与交流空间，师生可以在开敞空间、庭院景观和大树下学习交流，庭院式校园的丰富景观绿化促成了师生与大自然空间的紧密接触，形成了自然空间与教学生活的有机融合，同时内部庭院的存在大大改善了各个教学与生活空间的室内采光与通风条件，活动场地与绿化景观也在校园庭院内部有机结合起来，便于师生体育活动。

4 改造效益

本项目通过立面改造、室内空间环境的更新等，营造了独特的校园文化，为学生提供了多元的学习环境和多样的学习方式，也提供了一个与传统教育不同的选择。

5 经验与思考

校园改造需将校园规划与课程改革、规范化建设、综合防灾能力建设、绿色节能建设等需求统筹结合起来，提高工程的综合效益。学校改造中需要注意的方面有：提供学生更多自主学习和相互交流的空间；满足信息化教学的需求；注重校园设施的无障碍设计；校园场地可兼顾作为地区防灾抗灾场所。

08

09

10

07 改造后实景
08 改造后主立面
09 改造后校园南立面
10 改造后沿街立面

09 大城小苑民宿改造项目

Dachengxiaoyuan B&B Renovation Project

项目地点：中国 北京
Project Location: Beijing，China
项目功能：民宿
Project Function: B&B(Bed&Breakfast)
项目规模：9个院落
Project Scale ： 9 Village Courtyards
设计时间：2018年6月
Design Time ：Jun.2018
竣工时间：2019年5月
Completion Time ：May.2019
关键词：城市更新，乡村改造，民宿，农家院
Key Words: Urban Renovation, Village Renovation,
B&B, Village Courtyards

01

摘要：项目位于北京市密云区的一个小山村，村民已全部搬迁，废弃多年的农家小院改造成为符合现代城市人追求田园生活的精品民宿。改造基本保持村庄原有面貌，完善村庄基础设施，风格朴素雅致。通过改造，改善了人居环境，提升了村落文化旅游魅力，为村庄提供了一个新的、稳定的经济增长点。

Abstract: The project was originally a small village in the deep mountains of Miyun District, Beijing, and the villagers have all relocated. The abandoned farmhouse will transform into a boutique bed and breakfast in line with modern city dwellers' pursuit of idyllic life. The transformation largely preserves the original appearance of the village, while enhancing its infrastructure in a simple and elegant style. Through these improvements, the living environment has been upgraded, the cultural and tourist appeal of the village has been enhanced, and a new, stable economic growth point has been provided for the village.

1 原村落概况

项目位于北京市密云区深山内，由于居住环境较差，所有村民均已易地搬迁，形成空心村，但仍属于村集体资产。村庄已废弃多年，建筑破败不堪。村内路网基本完整，场地高差很大。

2 改造原因与难点

该村属于北京市低收入村，在北京市"一企一村"精准帮扶工作安排下，北京城建集团对口支援该村的"脱低"工作，将该村落改造为"大城小苑"精品民宿。村内建筑为北方传统民居梁架结构，由于经济条件所限，大部分建筑用材质量较差，加之废弃多年，缺少维护，部分建筑的木结构及砖围墙已无修复利用价值；原有建筑平面布局无法满足现代民宿的使用需求；原有村落无任何市政管网设施，道路破损严重。

01 改造前鸟瞰图
02 总平面图
03 改造前村入口
04 改造后村入口
05 改造前室内实景
06 改造后室内实景

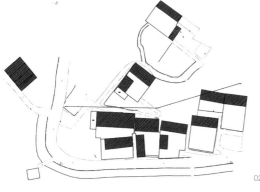
02

03

04

05

06

07 改造后村落全景

3 改造后功能与特点

3.1 运营先行，民宿运营团队介入项目改造全过程

民宿运营团队从项目策划阶段开始参与到项目改造工作中，并对项目功能布局、建筑改扩建的规模、设计标准及配套设施的要求提出了具体而明确的要求，从而为民宿正常运营实现盈利，打下了坚实基础。

3.2 规划优先，从规划入手确定建筑、交通、景观的改造设计方向

改造设计从规划开始，首先确定所有院落在原址改、扩建的原则；在此基础上，依托村内原有道路，重塑交通系统，使其满足人员及局部道路车辆通行要求；景观以庭院绿化、道路两侧绿化和集中绿地三个层级展开设计，尽可能保留原场地内的树木，并重新种植当地原有的花草树木，保证夏季开花、秋天结果，使场地四季有景。

3.3 记住乡愁，"修旧如旧"，保持村落原始风貌

村内原有建筑均为梁架结构，改造时不改变外观，尽量保留原有承重结构，重修屋面系统，更换外窗、对墙体进行修补，并增设保温层。对原址重建和扩建的建筑，均采用原有建筑风格和结构体系。房间分隔虽按民宿的使用要求做了调整，但保留了原建筑中的"炕"，作为回应场地历史记忆的物质媒介。总之，改造工程保持了原山村的建筑布局和历史风貌，使在此居住的人能够体味到传统山村的田园生活。

3.4 完善基础设施，项目运行的基本保障

乡村改造类项目中的基础设施改造是保障项目运行最基本的要素，是总投资中占比较高的部分，也是改造施工中最困难的部分。本项目的基础设施改造，依据建筑布局及使用功能的需要展开，内容包括道路整修、电力增容、打井取水、上下水管网敷设及设置化粪池等。

4 改造效益

项目自2019年5月1日对外营业以来，不仅带来了数量可观的客流，还解决了数十名村民的就业，使村民在自家这片土地上看到了希望。项目的运行不仅改善了山村的生态环境和村民的经济状况，更是践行了"绿水青山就是金山银山"的理念，使原本已破败荒废的小山村焕发出勃勃生机。

5 经验与思考

对于将旧村落改为民宿的项目，运营团队介入前期策划及设计施工全过程是项目成功的重要因素。运营团队不仅对改造工程提出明确要求，而且对改造和项目运营所需的材料与设备采购进行把控，从而有效地控制造价。此外，运营团队充分利用当地的自然与人文资源，为民宿运营提供有力支持，推动了乡村振兴。

09

10

08~10 改造后实景

10 华中师范大学校园建筑更新项目
Huazhong Normal University Campus Building Renewal Project

项目地点：中国 武汉
Project Location: Wuhan，China
项目功能：校园建筑
Project Function: Campus Building
项目规模：50000m^2
Project Scale：50000m^2
设计时间：2021年
Design Time：2021
竣工时间：2021年
Completion Time：2021
关键词：校园建筑，改造更新，功能升级，文化传承
Key Words: Campus Building，Renovation and Renewal,
Functional Upgrading, Cultural Inheritance

01

摘要：为迎接120周年校庆，华中师范大学于2021年暑假期间对校内四座建筑进行外立面更新和室内功能改造。项目采用EPC模式，在两个月时间内完成了全部的改造，并在开学时投入使用。此次改造延续了校园传统文化，适应了新时代的使用需求，获得了师生们的广泛好评。

Abstract: In order to celebrate the 120th anniversary of the university, Huazhong Normal University conducted exterior renovations and interior functional upgrades on four buildings on campus during the summer vacation of 2021. The project was carried out using the EPC (Engineering, Procurement, and Construction) mode and was completed within two months, ready for use at the beginning of the school year. This renovation project preserved the traditional campus culture while adapting to the functional requirements of the modern era, receiving widespread acclaim from both faculty and students.

02

03

04

05

06

07

08

1 原建筑功能

华中师范大学位于湖北省武汉市，坐落在武昌南湖之滨的桂子山。校园从西式教会风格，到青绿琉璃瓦的中式风格，再到现代建筑风格，成为时代变迁的缩影。本次改造更新包括八号教学楼、东一食堂、音乐楼及音乐厅、佑铭体育馆四座建筑，这些建筑陪伴了一代代华中师大学子的大学时光。

2 改造原因与难点

此次改造时间紧迫，内容繁杂。为迎接华中师范大学120周年校庆，同时保证新学期教学活动开展，改造工程须在2021年暑假期间完成设计施工全过程，工期非常紧张。亟待更新的四座建筑在外立面、结构、设备等方面存在不同程度的老旧破损，缺失部分使用功能不能满足师生目前的生活学习需求等，涉及的改造内容颇多。

3 改造后功能与特点

3.1 文脉记忆的传承，传统立面语言孕育崭新校园形象

对于八号教学楼，保留华中师大传统的绿瓦灰墙的建筑元素，将老图书馆入口进行现代化转译，入口雨篷保留其坡屋顶造型，简化装饰纹理，凸显水平延伸感，体现历史与现代的交融。音乐楼及音乐厅的方案设计延续旧建筑"钢琴"的设计理念，从音乐厅处卷出一片墙体，局部掏空形成虚实对比，犹如黑白琴键的韵律感，强调建筑功能和造型语言的相互呼应，同时延续原建筑红砖与玻璃结合的材料组合方式，使得改造部分与原建筑的结合更加有机。

3.2 人本多元的使用场景，功能植入为空间赋予新活力

在八号教学楼的原室外庭院加设玻璃屋面，改造成室内中庭，为师生活动交流和展示宣传提供公共空间，形成活力空间磁场。为东一食堂的两个出入口加设柱廊灰空间，提供展示宣传、洗手清洁、隐藏设备等功能。食堂二层靠窗位置增设特色休闲座椅，在非就餐时段提供学习、交流空间，提高了空间的使用率。

3.3 舒适安全的室内环境，建筑设备内装优化升级

室内改造包括了内部功能房间维修，室内防水处理，强弱电、消防、安防、空调管道改造升级，以及入口门厅、走廊、卫生间的装饰装修，提高了建筑室内空间舒适度。

4 改造效益

建筑是文化和记忆的容器，此次改造延续了校园的文化记忆，八号教学楼的门头改造是老图书馆的符号延续，音乐楼入口灰空间的创意造型使新老部分浑然一体。

东一食堂功能复合的设计在非餐时段为学生提供了学习交流的空间，得到了广大师生的喜爱，也为当前校园更新改造过程中普遍存在的空间紧缺的问题提供了新思路。

5 经验与思考

对于校园改造类项目，为了不影响师生正常教学使用，通常施工都只能在寒暑假进行，时间紧、任务重。而EPC项目包含设计、采购和施工的全过程，其优点是可大大缩短建设周期。因此，此类型改造宜采用EPC工程总承包模式。

09

10

11

09 东一食堂改造后外观
10 东一食堂改造后室内
11 体育馆改造后室内

西安金花南山酒店改造项目
Xi'an Golden Flower Nanshan Hotel Renovation Project

产业与居住类

项目地点：中国 西安
Project Location: Xi' an, China
项目功能：酒店
Project Function: Hotel
项目规模：12600m²
Project Scale：12600m²
设计时间：2019年5月
Design Time：May.2019
关键词：顺势而为，利用自然，产品创新，酒店改造，结构加固，坡地建筑
Key Words: Going with the Flow, Utilizing Nature, Product Innovation, Hotel Renovation, Structure Reinforcement, Hillside Architecture

01

摘要：西安金花南山酒店位于西安市南部秦岭脚下，原为高尔夫球场配套会所。经过全新改造，充分利用其自身景观条件，对外立面进行局部修缮和现代化演绎，进行室内空间的改造和精装设计，打造成了高端亲子度假型酒店。

Abstract: Xi'an Golden Flower Nanshan Hotel locates at the foot of the Qinling Mountains in the southern of Xi'an. After brand-new renovation, it makes full use of its landscape conditions, carries out partial repair and modern interpretation of the facade, focuses on the refurbishment of indoor space and hardcover design to build a high-end parent-child resort hotel.

1 原建筑功能

西安金花南山酒店始建于1999年，原功能为高尔夫球场配套会所，结构形式为框架结构。

2 改造原因与难点

本次改造计划将原建筑打造为高端亲子度假酒店，存在如下问题：由于建设年代较为久远，内部空间设计和功能划分已经不能满足当下度假酒店的要求；原场地现状景观资源条件优越，但并没有进行充分的利用；原建筑立面与新度假酒店的形象不相匹配。

3 改造后功能与特点

3.1 顺应自然的外部景观设计

项目用地为山地，南高北低，南北落差约为一层楼的高度。北侧场地为现状停车场，南侧为草坪，西侧为假山叠水，植物茂密。改造充分利用外部自然景观，设计具有参与感的景观设施，打造"一站式"的度假园林景观。重新梳理室外功能空间的流线关系，保留北侧停车场，南侧改造为儿童活动区和婚礼草坪区，将西侧杂乱的植物改造成户外泳池区，与儿童活动区相邻。

3.2 与时俱进的内部功能改造

原酒店客房数量较少，且面宽不适宜品质较高的度假酒店。改造中增加客房区域面积，调整房间面宽，将原来4m面宽客房调整为6m面宽客房，提高房间舒适度。重新梳理酒店配套设施，取消KTV等不适应当下度假需求的功能，增加SPA中心、儿童活动场等空间，满足全龄化的客群需求。在不同高度的区域之间设计坡道、电梯，满足无障碍的要求；重新划分防火分区，满足当前规范要求。同时，依据结构检测报告，针对有问题的构件进行结构加固。

3.3 亲和现代的酒店精装标准

项目按照四星级酒店标准进行精装设计，整体为轻奢现代风格。公区主色调为木色和浅米黄色，采用金属仿木格栅和石材，局部点缀皮革、刺绣等软包材料。客房部分延续公区风格，除常规的套房外，将南段首层客房设计为带室外庭院客房，庭院内设置私家温泉泡池；平屋顶部分的顶层设计为带有室外露台的客房，可以欣赏秦岭美丽的自然风光；坡屋顶部分的顶层设计为跃层客房，以亲子为主题，充分利用空间，增加趣味性。

02

3.4 返璞归真的立面细节织补

酒店原为欧式红砖立面风格，主入口两侧有拱形外廊，立面形式优美，细节丰富，室外绿植攀爬墙而上，和建筑交融。改造设计在保留原貌的基础上，结合平面功能进行了局部调整：建筑南侧开窗较少，不能满足改造后使用要求，故增加采光洞口，统一开窗形式，并加入金属和玻璃幕墙元素，体现现代风格；屋顶原老虎窗与新建墙体位置冲突，故拆除了老虎窗，改为阳光浴房；LOFT上层屋顶增加天窗，充分引入自然光线，丰富空间语境，增加使用者的愉悦感。

03   04

---

01 改造后鸟瞰图
02 总平面图
03、04 改造前实景

4 改造效益

项目依山就势、顺应自然，利用场地的自然高差，通过中间大堂等公共空间将南北两栋主楼联系在一起，大面宽客房将室外景观尽收眼底，同时通过屋顶花园，形成多层次、多空间的室外景观体系，将建筑与景观、环境很好地融合在一起，打造出具有新型度假特色的、功能完善的酒店产品，为西安及周边城市居民提供了度假休闲的好去处。

5 经验与思考

对于酒店建筑的改造，产品定位尤其重要，现代的度假酒店更注重场所特色与自然景观的融合，不追求华而不实的效果，力求创作"亲和、现代"的酒店形象。同时，"结构设计久远""平面柱跨受限"是多数改造项目的共同特点，需要选择合理的改造方案、建筑构造及结构加固措施保障结构安全性及经济性。

05

06

07

08

09

12　北京鼓楼周边院落保护性修缮和恢复性修建项目

Conservation Renovation and Restoration Project for the Compounds around the Beijing Drum Tower

项目地点：中国 北京
Project Location: Beijing, China

项目功能：居住，创意文化产业
Project Function: Residential，Creative Cultural Industry

项目规模：1021m²
Project Scale：1021m²

设计时间：2022年3月
Design Time；Mar. 2022

竣工时间：2023年10月
Completion Time：Oct. 2023

关键词：中轴线申遗，保护性修缮，申请式退租，老胡同新生活
Key Words：: Central Axis Heritage Application, Conservation-Restoration, Application-based Rent Refund, New Life in Old Hutongs

01

摘要：从昔日大杂院到今日共生院，从破败凌乱的环境到文化与生活交融的空间，从杂乱无序的建筑形态到传统建筑风貌的恢复与现代化空间的友好对话，它承载了原汁原味的老北京乡愁与记忆，实现了"老胡同新生活"。

Abstract: From the former compound to today's symbiotic courtyard, from the run-down area to the space where culture and life mingle, from the disorderly architectural form to the restoration of the traditional architectural style and the friendly dialogue with the modernized space, it carries the original nostalgia and memory of old Beijing in the ancient city. It realizes the rebirth of the "old hutongs and new life".

01 改造后鸟瞰图
02 位置图
03、04 改造前实景

1 原建筑功能

本项目位于什刹海历史文化保护街区，在"中轴线"建设控制地带的背景建筑群内。原建筑群多为大杂院，几代人同住于此。

2 改造原因与难点

2014年2月，习近平总书记在视察北京的城市规划建设工作讲话中专门提到"丰富的历史文化遗产是一张金名片，传承保护好这份宝贵的历史文化遗产是首都的职责"。《北京中轴线风貌管控设计导则》提出建筑风貌上要延续院落格局、清理第五立面、保证色彩统一；控制街道风貌、胡同风貌，控制胡同上空整洁、保持传统胡同尺度；直接面向街面院落内公共空间的环境提升。因此对片区内的建筑要根据"导则"要求进行更新，以实现"应保尽保"的原则，推动老城整体保护和城市更新的有机融合。

片区内房屋以直管公房为主，存在部分私产房，通过"申请式退租"，最终完全腾退院落较少，少量原住居民留下的共生院落较多。调研核实、协调居民意愿、确定院落设计方向、腾退后空间如何利用等问题，需要多方主体多角度探讨和协商，成为本项目开展的重点和难点。

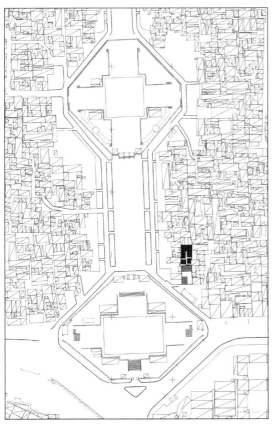

02

03

04

05

06

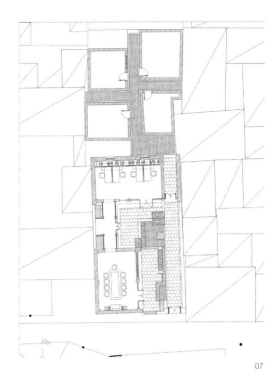

05、06 改造后效果图
07 总平面图

3 改造后功能与特点

3.1 尊重街道空间的老城风貌

拆除院落遗留的私搭乱建设施，考古各历史沿革期院落边界，追溯院落形制，恢复传统建筑布局和建筑风貌。

3.2 激发创新活力的文化空间

复兴街区的活力空间，体现文化科技创新驱动下新生活、新场景、新模式、新产业探索，打造深入胡同的新消费空间，以环境为背景、文化为内涵、设施为载体、服务为支撑，营造沉浸式体验氛围。

3.3 增强获得感的居住空间

增加厨卫空间设施，提升院落环境品质，满足居民的舒适感和归属感，推动院落共生业态的良性发展，践行"老胡同新生活"理念。

4 改造效益

鼓楼社区街道生活服务类设施密度较低，不易形成密集的办公聚集点，不能成为街道级生活服务中心，所以定位为生活性功能与旅游兼服务性功能并重。依托现有商业氛围，创新研发以宽带技术和产品为依托，结合多功能业态配合，打造"成片""跨越空间"的多功能协同空间、智慧空间联合体模式，实现产业升级，以文化传承和科技创新引导城市复兴。

5 经验与反思

回看整个保护修缮过程，"老胡同新生活"理念虽然是我们一直追求的方向，但在实操过程中会遇到很多问题：如不同职能部门的管理界面划定，原住居民对居住空间舒适度的需求与建筑规模控制间的矛盾，公共空间运营的动与居住空间的静之间的冲突，居民进出流线与公共区域流线的分离等。这些问题都需要前期做好策划，与居民做好充分沟通并建立随访档案，对项目管理的责任主体进行统筹建设管理，设计方则需要采用灵活布局、预留设施、补充空间等措施为和谐共生院的落地提供可行性。

13 望坛棚户区改造项目
Wangtan Shantytown Reconstruction Project

产业与居住类

项目地点：中国 北京
Projcet Location: Beijing,China
项目功能：住宅，公建
Projcet Funtion: Residential，Public Buildings
项目规模：130万㎡
Project Scale：1300000m²
设计时间：2014年
Design Time：2014
一期竣工时间：2022年
Phase One Completion Time：2022
关键词：棚户区改造，住宅设计，文物保护，地域特色
Key Words: Shantytown Reconstruction, Residential Design,
Cultural Heritage Preservation, Regional Characteristics

01

摘要：望坛棚户区改造是位于北京中心城区的大型棚户区改造项目，在多种复杂的制约条件下，充分利用土地资源，解决了原住民的回迁与开发需求，成为具有地域特色、历史文脉与区域文化的城市居住区。

Abstract: Wangtan shantytown reconstruction is a large-scale shantytown reconstruction project located in the central urban area of Beijing. Under various complex constraints, designers effectively utilizes land resources, addressing the resettlement and development needs of the original residents. The shantytown has transformed into an urban residential area characterized by regional features, historical context, and local culture.

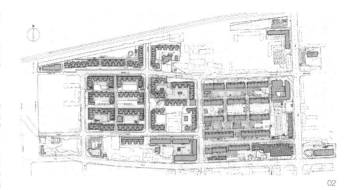

02

1 原建筑功能

项目位于东城区南二环永外地区，因临近天坛南门而得名。用地东至景泰路、西至现状永外大街，南至安乐林路，北至京津城际铁路南侧隔离带，南侧紧邻地铁景泰站。项目原住民居住人口1.6万人。改造前的棚户区破败不堪，居住条件差，基础设施极不完善，成为与北京社会经济发展极不对称的一块洼地。

---

01 项目鸟瞰效果图
02 总平面图
03~07 原望坛照片（改造前）

05

03

06

04

07

08

09

2 改造原因与难点

2013年北京市启动棚户区改造和环境整治工作，望坛项目被纳入中心城区棚改序列。项目整体用地46.40hm²，总建筑面积约130万㎡，项目规模大、建设环境复杂，拆迁任务艰巨，民生舆论敏感，总体项目推进难度大。

3 改造后功能与特点

3.1 精细设计满足回迁需求

项目初期调研发现，原住民不愿意搬离市中心，回迁意愿很强烈，但原址居住密度大，限高又控制严格，很难满足原住民的回迁需求，这也是此项目最大的挑战。为此，各方采取措施在有限的土地条件下挖掘最大的空间。经过多次精细化

的日照建模与计算，总体布局采用一梯5或6户的T字形单元连排、场地拉坡、局部降层、前后错位、底层网点等多种手段，将空间利用最大化。

为了争取最好的日照条件，依据户型所处具体位置调整户型布局，最终项目户型多达130种，这给项目建设与设计都带来挑战。设计通过厨卫标准化、楼电梯间标准化等措施提高标准化率。

户型设计注重提高使用率，对于回迁户型平均为65~85m²的小户型，通过细致的设计与推敲，平均使用率达到75%~85%。

---

08 改造后住宅出入口
09 改造后住宅楼及内院

3.2 布局与立面体现地域文化

依照北京城市肌理，总体布局采用围合式，组团互通。住宅立面采用红砖为主体的三段式风格，顶部采用四面坡。整体风格稳重大气，体现了北京民居建筑特色。

为了减少建筑沿街面对城市街道的压迫感，在建筑体量上控制横向连续性；注重细部的表达，通过立面变化、街角空间处理等产生凹凸有致的天际线，从而打破沿街面连续枯燥感。此外，将不能满足日照条件的底部空间作为临街商业，结合日照条件，进行不等距的退线，形成前后有节奏变化的开放空间，局部营造商业外摆空间，让整个街区尺度宜人，富有生活气息。

3.3 开放街区提升街区活力

整个小区秉承开放街区的规划理念和安全管理的设计。小区的机动车进入小区即驶入地库，避免对地面的干扰，利于居住区整体式步行系统完整安全。在沿街位置尤其是通往公交节点的道路两侧设置商业网点，公建、文教设施尽量临近外围市政道路设置。居住区内虽有市政道路，但从交通组织上尽量避免过境交通穿行，形成半内部化的市政道路。沿商业街界面，在步行范围内顺畅连接地面公交与地铁。

产业与居住类

10 住宅沿街商业网点
11~14 住宅立面细节
15 住宅外立面
16 望坛棚户区改造项目配套办公

10

11

12

13

14

15

3.4 谨慎设计保障文物保护

天坛建筑群为世界文化遗产，对周边的建筑限高有严格要求，利用现场施放气球，从祈年殿实际观测的办法，以真实场景来确定本项目的建筑限高。最终确定正南临近区限高18m，正南稍远区27~30m。西城区文物保护单位"安乐禅林"位于项目地块内，在项目实施过程中需要统一修缮。我们将安乐禅林作为文化景观亮点，提升周边地块的价值。此外，原场地内林木较茂密，存有古树，设计将两棵古枣树作为居住区的园林节点进行设计。

3.5 结构设计创造适用建筑空间

住宅采用剪力墙结构，按照常规的设计方式，墙体需全部延伸至基础，楼座范围内的地下室主要作为库房和设备间使用。由于本项目采用在地下二层顶部设置托墙转换梁，将地上的部分剪力墙通过转换梁—柱子传递至基础，沿楼座中部设置汽车通道，两侧各布置一排停车位，极大缓解了项目停车位紧张的问题。

产业与居住类

17

18

4 改造效益

从几年前一片拥挤而杂乱的简易房到如今设施齐全的单元楼，望坛地区已经焕发新生，以崭新的面貌回归到大众视野。大部分居民选择原址回迁，为百姓提高生活质量提供了物质基础。此外，项目为了保留城市活力与原居民就业，不仅在整体形态上体现了北京建筑特色，还匹配了大量商业与服务设施，重现老望坛地区的城市记忆，打造了具有地域特色、饱含历史与文化的城市居住区。

5 经验与思考

对于棚户区改造项目，不仅仅是新建住宅，更需要的是营建一个具有文化传承与烟火气的社区。社区是个复杂的系统，其更新不仅涉及物质层面，还有文化、产业、资金等各方面，尤其对于具有历史价值的居住类建筑，要特别注重居民的生活方式、文化传承和空间需求，高度关注城市社区的社会网络和内部社会空间重构以及由此带来的历史建筑多元价值的挖掘。

我们在望坛的城市更新实践中，通过更新改造让居民重新发现社区价值，重获身份归属感、情感依托和文化认同，并通过各方参与和努力，共同营造高质量发展的社区。

17~19 景观内院

19

交通设施类

上海地铁12号线南京西路站与历史风貌区一体化

厦门地铁2号线嵩林停车场及上盖公交停车场与高林公园更新改造

梨园广场公共停车场综合体项目

西安市地铁3号、4号线车站附属设施更新

北京核心区既有线地铁站一体化改造项目

上海地铁12号线南京西路站与历史风貌区一体化

Integrated Design of The Nanjing West Road Station on Shanghai's Line 12 With the Surrounding Historic Preservation District

交通设施类

项目地点：中国 上海
Project Location：Shanghai, China
项目功能：地铁，停车，商业
Project Function：Metro, Parking, Business
项目规模：车站1.45万m² + 车库0.79万m²
Project Scale：Metro Station 14500m² + Parking Area 7900m²
设计时间：2007年12月
Design Time：Dec.2007
竣工时间：2015年12月
Completion Time：Dec.2015
关键词：站城融合，风貌保护，资源共享，复建仿建
Key Words：Station-City Integration，Historic Preservation，Resource Sharing，Reconstruction and Replication

01

摘要：本项目地处静安区历史风貌保护区，利用地铁车站建设的契机，与地面石库门建筑改造相结合，完善城市交通，优化区域功能；项目注重地铁建设与周边百年历史建筑、名木古树及城市风貌的依存、揉和与保护，同时兼顾了城市公共资源的整合。

Abstract: The project is in the historic preservation district of Jing'an District, Shanghai. Leveraging the construction of the subway station, it integrates the renovation of the above-ground Shikumen architecture, enhances urban transportation, and optimizes regional functions. The project considers the interdependence, blending, and protection of subway construction with surrounding century-old historical buildings, famous trees, and urban landscapes and the integration of urban public resources.

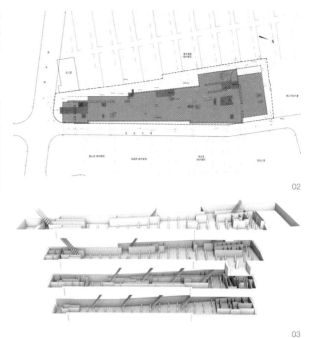

02

01 改造后鸟瞰图
02 总平面图
03 地下空间分析图
04 古树现状
05 改造前茂名北路两侧的建筑风貌鸟瞰
06 丰盛里内一处历史保护建筑（顶面）
07 丰盛里内一处历史保护建筑（侧面）

03

05

04

06

07

08

09

1 原建筑功能

2006年，上海地铁12号线南京西路站的规划选址经过多轮论证后，将站址定于茂名南路西侧的一片历史风貌保护区下方，这片不到1hm²的基地上，原是建于20世纪二三十年代的石库门里弄住宅——蕃祉里和丰盛里。斑驳的砖墙、老旧的门窗和空气中的饭香承载了几代人邻里生活的记忆，而这些残旧开裂的建筑，也将借由车站的新建整合、功能转型，成为城市新生的文化商业地标。

2 改造原因与难点

随着城市经济发展，这片风貌区虽地处上海南京西路寸土寸金的商业腹地，但其风貌环境已与周边新建建筑严重脱节，并且停车困难也逐渐成为市中心交通环境的一大痛点。这里的原建筑群始建于1920年，房屋的整体结构和基础设施已经超出了其使用年限，临搭改建的现象也在一定程度上破坏了原有的建筑风貌。

因此地铁12号线南京西路站的落位和建设，恰如一次为城市发展而进行的外科手术，寄予了大家对这片黄金地段更新重生的希望。项目设计过程中不仅需要解决车站本身对于周边建筑物的保护、交通及管线的避让和影响，还面临着地下车站与修复重塑后的城市肌理相融相生，车站功能与转型优化后的城市功能衔接互补，以及车站实施时对古树的保护复壮等难题。

10

3 改造后功能与特点

3.1 站城交融

本项目地下二至四层为轨道交通车站，利用覆土空间将地下一层设计为商业配套的车库，地上一至三层为丰盛里商业建筑。为达到车站与商业建筑共生的目的，项目设计对周边道路交通、人流特征和商业业态进行了充分分析，对车站出入口及风亭、商业建筑进出通道与站前广场、广场景观进行了整合设计，将车站与地面商业融为一体。车站站厅层通过出入口直接到达地面商业集散广场，车站功能与商业功能相对独立，既避免了客流的交叉，地铁高流量高效率的集散组织，又为地面商业激发了价值潜力。

3.2 历史还原

对基地内的建筑采取复建和仿建两种更新手法，保护建筑采用复建策略，将其砖、瓦等构件拆卸解构并标记存放，待车站实施后再按原状进行恢复，而其余石库门里建筑则沿袭原建筑风格和尺度关系进行仿建。重建后的建筑以其优美的造型、精致的细部，承载了历史的沉淀与再生。车站的地面设施以保证使用功能为前提，消隐于门头下、窗棂内，主动融入建筑风格。基地内的古树，也在用地退让和保护下，依旧苍劲挺拔，树下以树根为脉络形成了休闲广场、水景喷泉，使古树成为这片商区的标志性文化元素，守望着这里生生不息的烟火气。

3.3 保护措施与结建对策

由于基地周边建筑也属于百年历史风貌建筑——静安别墅，因其年代久远，对变形反应极为敏感，因此车站采取分区开挖、增加围护体系刚度、地基加固等措施减小对周边建筑影响。另外，本项目建设周期长达8年，车站与地面建筑建设时序的不一致，就需要在设计中充分考虑空间规划和整合，以及上部建筑的荷载传导和受力转换，本项目利用地下停车层，进行地下与地面建筑垂直功能的空间切换和梁柱体系的衔接转化。

08、09　地铁12号线南京西路车站内部
10　车站14号出入口
11　车站及地面建筑剖面图

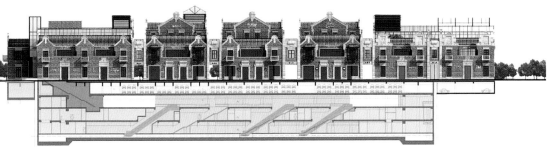

11

12

13

14

12、15 车站出入口与商业建筑融合
13 复建后的石库门建筑群
14 复建后的保护建筑

15

4 改造效益

4.1 客流互补

丰盛里商业建筑群结合车站出入口设置了三个小型集散广场，乘客也可在地下车库停车后通过集散广场由车站出入口换乘地铁线，在一定程度上实现了"P+R"的功能。地铁车站可以给商业引入大量的客流，同时商业的客流又有助于提高乘车率，增加票务收入，提高公共交通设施的收益回报。

4.2 城市温度

丰盛里的修旧如"旧"，既保留了上海石库门建筑特有的邻里文化，又通过丰富且优质的业态，注入海派商业文化。每逢周末，茂名北路两头拦起地桩，将这里变为步行街，街巷里各类休闲咖啡、精致餐馆门庭若市，地铁高效地输送过往游客到此，感受这座城市特有的烟火气息。

4.3 资源共享

本项目在尊重历史和发展城市上实现了双赢，为促进整个地区和谐发展带来新的契机。考虑到地铁不仅为地面商业提供了强大的客流支撑，还考虑到地区性的车位配套问题，采取技术措施扩大开挖至轨道区间上部范围设置商业配套的停车场，提供120余个车位，有效缓解市中心停车难的现状。

5 经验与思考

本项目通过地铁建设带动了周边建筑的更新改造，在实现轨道交通功能的同时，织补了城市功能，同时高度还原了历史风貌肌理，实现了城市更新和提升。而其历史风貌建筑的特殊性，大幅增加了拆迁的难度，进而导致了设计和建设时序的不统一，设计团队与车站、地块两方建设单位在投资划分、拆迁、设计方案等方面多轮协调下，历经3年才确定最终的结合实施方案，而地面建筑建设时序的滞后也导致了地下与地面建筑的梁、柱体系完全不同，上、下部分梁柱体系在地下一层顶、底板进行转换，若车站与丰盛里项目可以同步设计、同步施工，结构转换体系的合理性可进一步提高。

城市轨道车站结合商业开发，进行统一规划设计是一种必然的发展趋势，随着轨道交通车站结合建筑的项目逐渐趋向于常态化，通过加强政府职能部门管控措施、提高车站建设单位与开发商的合作意识、促进建筑设计单位之间的技术互动，可让轨道交通车站与地块建筑结合设计越做越好，最大限度地体现车站与建筑结合对城市整体规划的价值。

15 厦门地铁2号线高林停车场及上盖公交停车场 与高林公园更新改造

Xiamen Metro Line 2 Gaolin Metro Depot and Depot Bus Parking Lot and Gaolin Park (former Gaolin Park) Renewal and Renovation

项目地点：中国 福建

Project Location: Fujian，China

项目功能：公园，地铁车辆基地，上盖公交停车场

Project Function: Park, Metro Depot, Parking Lot

项目规模：7.4万㎡

Project Scale：74000 ㎡

设计时间：2017年12月

Design Time：Dec. 2017

竣工时间：2019年12月

Completion Time：Dec. 2019

关键词：地下车辆基地，上盖公园，城市更新，公交停车场

Key Words：Underground Metro Depot，Park Above Metro Depot，Urban Renewal，Bus Parking Lot

01

交通设施类

摘要：随着城市轨道交通的建设，借用原有城市公园用地复合建设轨道交通车辆基地，实现了城市土地的集约利用，使老公园焕发新活力。

Abstract: With the construction of urban rail transit, by utilizing the land of the original urban park, a comprehensive construction of a metro depot has been carried out, achieving the intensive use of urban land and rejuvenating the old park with new vitality.

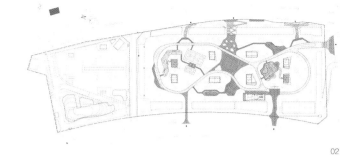

02

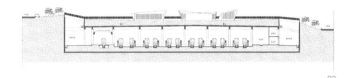

03

01、04 改造后鸟瞰图
02 总平面图
03 剖面图
05 改造后局部鸟瞰图
06 停车场坡道

05

04

06

1 原用地功能

原高林公园位于环岛干道沿线，西邻高林生活小区，东连五通居住小区，总占地面积约8hm²。该公园始建于2010年10月。公园地处五通片区，本地居民较多，闽南文化有着深刻的烙印，公园古朴与现代结合，廊架、凉亭、柱子、景墙、园路等都巧妙融入闽南特色元素以此达到闽南文化的传承、发展。公园总体雏形基本形成，因历史原因公园标高高于周边市政道路且未做衔接处理，出入口与周边道路衔接未能完全实施，仅利用部分临时出入口连接公园与周边道路。

2 改造原因与难点

2014年初，厦门地铁2号线开展前期设计工作，高林车辆基地选址极其紧张，经过层层筛选最终确定地址位于高林公园用地范围。为了满足地铁建设的同时还建高林公园，并解决区域公交停车的需求，以及解决因受原高林公园标高限制而阻断的区域交通体系、居民进出公园交通体验较差等一系列城市综合问题，于是提出土地复合利用原则，地铁高林车辆基地采用降低标高的方式布置于地下，地上建设公交停车场、地铁运管中心与还建高林公园。

因地铁车辆基地置于地下且须保证其上部公交停车场及还建高林公园的顺利建设，导致本工程除涉及大范围深基坑实施外，车辆基地消防设计突破常规、地下空间品质难以保证。同时因项目位于厦门市环岛干道一侧，属于城市风貌重点控制区域，对于本项目地面建（构）筑物风貌设计提出较高的要求。故项目设计需从解决土地综合利用、地下车辆基地、重塑城市功能及建筑风貌提升等几个方面综合考虑并解决相关问题。

3 改造后功能与特点

3.1 土地综合利用

原高林公园地块内地上地下土地综合利用，实现"一地三用"。地铁停车场地上总用地面积6.88hm²，共划分出三个地块，其中地下部分为地铁高林车辆基地，地铁咽喉区上盖建设公交停车场，地铁咽喉区西侧建设地铁运管中心，地铁运用库区上盖还建高林公园。

3.2 下沉式车辆基地

（1）解决选址问题：用地范围内受出入线爬坡限制，若采用地上车辆基地则出入线较长、占用地大，导致突破选址范围，且还建公园与城市将出现较大高差导致公园与城市融合较差。

（2）解决消防问题：项目四周消防通道采用敞口设计，解决消防车道自然排烟问题；同时利用双首层标高的理念，将车辆基地构建等同于地面的建筑，以解决因当时设计条件下地下车辆基地消防设计规范依据不完善的问题。

3.3 重塑城市功能

（1）优化公园标高：原高林公园高出周边地面，人员进出需通过台阶进出，经过项目重塑后，对标高进行优化，使高林公园平接环岛干道标高，提高居民出行体验。

（2）打通慢行交通体系：原高林公园截断地块东西两侧人行交通系统经过优化，在咽喉区设置贯通东西的市政路，公园结合东西两侧市政道路打造连通地块周边的慢行步道，形成优雅、便捷的人行交通体系。

3.4 建筑风貌提升

地面运管中心建筑结合还建公园营造绿色生态办公环境，建筑造型采用等高线式的布置，层层退台。在建筑空间布置时，考虑垂直绿化、屋顶绿化及建筑空间内部的多重绿化布置，在朝向公园一侧布置露台，以期能更好地将景观引入建筑，实现建筑与景观的完美融合。

3.5 低碳环保节能

（1）采光通风：通过盖板设置竖井，实现地下车辆基地建筑的自然采光、自然通风，减少人工照明与机械通风排烟措施，从而降低能耗。

（2）节能环保：厦门夏热冬暖，夏季时长，当上盖公园覆土后，取消了常规屋面保温板措施，且保温、隔热效果良好，为盖下空间营造良好舒适环境。

07

07 公园景观节点
08、09 地铁停车场

08

09

4 改造效益

实现一地三用：充分实现土地复合利用，实现轨道＋公交＋公园建设的融合。提高土地价值：本工程上部还建高林公园为周边收储用地提供了良好的自然景观条件，从而提升区域土地开发价值。提高生活舒适度：地面还建公园、公交停车场结合交通系统优化，重塑城市功能，大大提高周边居民的出行体验及生活舒适度。

5 经验与思考

城市轨道交通建筑与公交、城市公园合建，可以有效利用土地资源，土地价值提升。回顾项目建设过程，复合利用会带来一些技术问题，但可以通过设计规避，如采用下沉式车辆基地设计理念简化地下车辆基地消防设计，为未来探索地下车辆基地消防设计提供了新的参考方向。

在未来的设计中可以进一步引导利用轨道交通作为城市更新载体，探索城市轨道交通与其他功能共生共存，进一步拓展城市轨道交通建筑的公共属性，为城市、社会发展提供新动力。

16 梨园广场公共停车场综合体项目
Liyuan Square Public Parking Complex Project

交通设施类

项目地点：中国 武汉
Project Location: Wuhan, China
项目功能：城市地下公共空间，地下停车库，商业，景观广场
Project Function: Urban Underground Public Space, Underground Garage, Commercial Function, Landscape Square
项目规模：4万m²
Project Scale：40000m²
设计时间：2018年
Design Time：2018
竣工时间：2021年12月
Completion Time：Dec.2021
关键词：广场更新，地铁接驳，配套物业，地下停车
Key Words: Plaza Renovation, Metro Interchange, Supporting Commercial Facilities, Underground Parking

01

摘要：从平面绿地"更新"为立体景观轴，从广场交通"生长"为大型城市空间，从地面停车场"迭代"为综合交通枢纽。东湖是武汉最美的城市名片，焕然一新的梨园广场就是东湖的门户，完善的配套服务使得景观广场与东湖绿道融为一体，绿色生态广场成为谱写美好生活的音符。

Abstract: Transitioning from a horizontal green space to a three-dimensional landscape axis; evolving from a plaza with a primary focus on transportation functions to a vast urban spatial area; iterating from an at-grade parking area to a comprehensive transportation nexus. Donghu (East Lake) stands as Wuhan's most picturesque urban emblem. The revitalized Li Yuan Square represents the gateway to Donghu. With its well-conceived auxiliary facilities, the landscape plaza melds seamlessly with the Donghu greenway, positioning the sustainable eco-plaza as the harmony of a refined urban living.

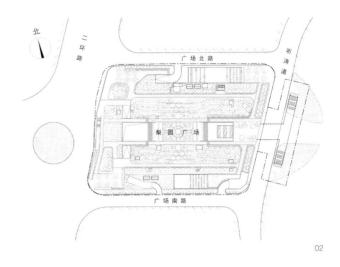

02

1 原建筑功能

1998年建成的东湖梨园广场，位于东湖西北侧，毗邻二环线，是存在于"武汉旧照片"里的综合性广场；是集交通、游览、休闲、景观于一体的城市空间；是市民游览东湖景区的必经"检票口"。原梨园广场以草坪为主，南北对称布局，植物单一；广场内南侧为公共停车场，提供小型汽车停车位约为50个，数量较少；北侧为公交首末站，为3路公交车提供收发车场地，地面景观效果不佳；游客通过地面广场联系公共交通与东湖景区，人车混行影响地面交通。

01、04、05 改造后实景
02 总平面图
03 改造前实景

2 改造原因与难点

随着武汉逐步登上国际舞台，城市日渐展现璀璨风姿，东湖生态景区作为武汉城市名片亮相各大国际盛会。本项目的建设将缓解东湖景区、东湖绿道停车位难问题，并与地铁8号线梨园站形成地下联通，减少人车混行情况。同时，通过本项目局部物业开发建设，在一定程度上提高景区配套水平，在自然旅游的基础上，通过文化展示、特色商业配套等方面，更进一步地提高对游客的吸引力和容纳力，有助于梨园景区的形象宣传。

具体实施层面上，既有地铁8号线梨园站到省博湖北日报站区间隧道下穿梨园广场，对既有轨道交通隧道的保护、原场地树木的保护、施工面紧张的施工组织方案是项目设计研究重点与难点。

03

04

05

06

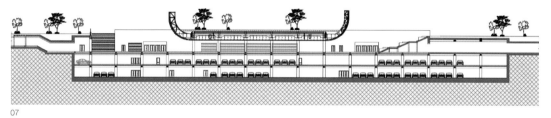

07

3 改造后功能与特点

3.1 多样性的公共服务

梨园综合体地下一层中央走道是18m宽无柱空间，通道两端设置下沉广场连接地面景观，两侧布置商铺，业态以餐饮、休闲娱乐、小型超市和文化产品为主，进一步完善了区域配套服务设施。同时，地下二层、地下三层为停车库，提供600余个停车位，促进周边规划的形成。

3.2 多层次的交通构架

从空间横向上看，地下一层东西向依次串联了东湖风景区—梨园广场—二环线人行过街通道—地铁8号线梨园站，起到了轨道交通与景区衔接的纽带作用，游客可通过地下一层直达景区，实现了人车分流，极大地释放了地面的交通压力；从空间竖向上看，地下二层、地下三层停车库可通过垂直交通直达地下一层，驾车出行十分便捷。一横一竖空间上的交汇，形成了多层次的交通构架。

3.3 立体的人文、自然景观

装修根据建筑总体设计思想，通过透视学原理，将东湖风景区的自然景观、人文景观与湖底景色相结合，以水彩画语言展现浓郁楚风、精妙楚韵。作品分为自然景观、人文景观、湖底风光三部分，通过双"C"字形景观结构与"一"字形贯穿，虚实相生，曲直相辅，在突出东湖场景构图视觉冲击力的基础上与水彩画的柔和感相结合，保持画面上的视觉平衡。远眺东湖，能深刻感受到武汉的自然风光和文化气息。

3.4 因地制宜的工法之选

鉴于本项目基坑周边环境复杂且施工场地严重受限的特点，经综合比选，盖挖法施工对地面交通影响较小，可以利用盖板作为施工临时场地，同时盖挖法利用既有楼板作为支撑，水平刚度较大，可以最大限度地控制基坑的变形及地表沉降，减小对临近建构筑物的影响。

4 改造效益

4.1 缓解停车难问题，带动东湖区域更好更快发展

增加区域公共停车泊位数量，减少东湖景区周边道路路面停车数量，改善乱停乱放情况，道路通行恢复畅通，通行能力得到提高，有效缓解区域停车难题，使区域内市民出行时间和车辆运输成本均能得到一定程度的节约。

4.2 形成多元的交通出行模式，市民出行更加便利

本项目的建成，方便市民驾车到达后换乘地铁8号线或地面公交车辆。成为多种交通方式的连接和换乘点，将人行与轨道换乘、公交换乘等功能进行有效结合与转换，既增加了公共交通的使用率，又方便了市民的出行，同时缓解了中心城区的拥堵。

4.3 改善区域环境质量，提升东湖风景区环境品质

梨园广场在东湖风景名胜区中属于"东湖门户""城景联系点"，在完善绿道体系、提高东湖环境质量的建设中具有重要的意义。广场西侧为城市景观，北侧、南侧、东侧分别为麻布塘景区、牡丹园和东湖梨园风景区，均为自然景观，城市界面和自然界面缓冲过渡成为本项目地面景观考虑的重点。通过开发梨园广场地下公共停车库，将地面小型汽车移入地下，还地面于景观绿化，进而提升区域的环境景观品质。

5 经验与思考

回看整个新建与改造过程，结合规划和现状条件，对重点问题反复思考和推敲，如和地铁8号线建设时序不一致，如何降低施工难度；本项目与地铁8号线流线贯通，如何对既有人行通道进行改造；施工期间如何减少对市政交通的影响等。诸如此类问题都需要前期做好策划，明确项目管理的责任主体进行统筹建设管理，设计方则需要采用灵活布局、预留接口等措施，为建筑与市政设施的衔接提供可行性。

08

06 改造后鸟瞰图
07 改造后剖面示意图
08 改造后东侧下沉广场
09 改造后中央通道

09

17 西安市地铁3号、4号线车站附属设施更新

Subway Station Ancillary Facilities of Xi'an Metro Lines 3 and 4

项目地点：中国 西安
Projcet Location：China,Xi'An
项目功能：地铁，附属，景观融合
Projcet Funtion：Metro, Subway Stations, Landscape integration
建筑规模：9座车站
Projcet Scale：9 Subway Station
设计时间：2021年5月
Desgin Time：May. 2021
竣工时间：2021年9月
Completion Time：Sep. 2021
关键词：地铁车站，地面附属设施，城市更新
Key Words：Subway Stations,Ground appurtenances, Urban Renewal

交通设施类

01

摘要：借助"十四届全国运动会"对西安市主要街道进行城市更新之际，对地铁3号、4号线部分车站的出地面附属设施（包括地面高风亭、冷却塔等）从景观提升、文化展现、艺术表达等进行再塑造，打破原有的地铁设计固有思维，使他们从城市景观"消隐"的方式转变为场景化的表达，呈现出感受地铁文化、历史的一面"镜子"，进一步展现都市悠久历史与变迁，体现城市空间景观文化的"地铁符号"。

Abstract: With the help of the 14th National Games, during the urban renewal of the main streets of Xi'an City, the ground ancillary facilities (including ground high wind pavilions, cooling towers, etc.) of some subway stations on Line 3 and Line 4 have been reshaped from landscape enhancement, cultural display, artistic expression, etc., breaking the inherent thinking of subway design and transforming them from a "hidden" urban landscape to a scene based expression, presenting a sense of subway culture A "mirror" of history, further showcasing the long history and changes of the city, and reflecting the "subway symbol" of urban spatial landscape culture.

02

01 改造亮点汇总
02 五路口站改造后实景
03 部分车站改造前实景

1 原设施情况

西安地铁车站地面附属出入口、风亭设计时，按照同一轮建设规划风格及造型相似的原则，基本呈"一线一景"的风格。早期线路出入口寻求现代与古典的结合，透明与厚重与虚实对比，彰显古城韵味，达到了较好的效果；而风亭、冷却塔则主要采用尽可能消隐，融入环境的总体思路，借鉴汉唐建筑色基本实现线路的统一。随着时间的推移，原有的风亭、冷却塔周边绿化已经逐渐消失，原有灰色单一石材直接裸露在外，在街道两边与城市的繁华显得格格不入，因此本次城市更新的重点是风亭及冷却塔栏板。

03

2 改造技术难点

本次改造涉及的风亭、冷却塔等基本位于市政道路附近，局部区域人流量大，且在空调季施工，改造期间尽量避免制约运营安全。为压缩工期，降低对城市道路、地铁运营等的影响，设计上保留建筑原有主体结构及外立面龙骨，拆除原有立面贴面，仅对外立面更新设计，并尽量采用场内分组分区进行预制构件加工，现场预留交接件的装配式施工方式。

3 改造后亮点与特点

1）创新思维
扭转地铁附属设施旧有"消隐"的设计手法，将地面附属设施作为街头建筑小品去定位、思考、设计、实现，利用它去叙述这座城市的故事性、突出环境的趣味性、展现区域的文化性。

2）历史印记
结合不同区域的城市气质和文化特质，结合色彩、形态、线条、搭配、材料等（例如古典窗花、杏花、经典建筑、和平鸽、城门等元素）等融入至城市街道、街景当中，深化空间层次，提升整体景观效果，加强艺术表达形式，突出西安文化氛围，呈现出极具冲击力的观感。

04

05

06

4 改造效益

通过对地铁地面附属设施设计理念的转变，采用更为多元化的设计手法，材质、元素和色彩的搭配与融合，打造出更为丰富、立体的外观效果，同时赋予其更加深厚的"文化、科技、教育"内涵。部分场景已经成为区域拍照和打卡的聚集点，提升了西安市地铁的知名度和美誉度，并对地铁文化宣传与传播有着显著的社会效益。

5 经验与思考

随着人们生活水平的不断提高，对城市环境要求也日益增长，地铁公共区装修及地面附属设施的设计要求也在不断地加强，场景化的设计可以达到景观提升、文化展现、艺术表达的效果，赋予地面附属设施更多的符号、体现更优的功能、展示更丰富的场景，是未来地面附属设施设计的方向，可作为后续设计的突破点。

04 常青路站改造后实景
05 和平门站改造后实景
06 元朔路站改造后实景
07 咸宁路站改造后实景

07

北京核心区既有线地铁站一体化改造项目

Integrated Renovation of Subway Stations on Existing Lines in Beijing's Core Area

项目地点：中国 北京
Project Location: Beijing, China

项目功能：地铁车站，城市公共空间
Project Function: Metro Station, Urban Public Space

项目规模：车站附属地下、地上建筑及站前空间
Project Scale：Auxiliary Underground and Above Ground Buildings and Station Front Space of the Station

设计时间：2019年12月
Design Time：Dec.2019

竣工时间：在建
Completion Time：Under Construction

关键词：车站附属，城市公共空间，微更新
Key Words: Metro Station Auxiliary Structure and Ground Building, Urban Public Space, Micro-Renewal

01

摘要：既有线地铁车站改造与城市公共空间改造相结合，是北京市核心区城市更新的重要尝试，选取北海北站和崇文门站为试点，针对旅游和通勤两种不同类型的轨道站点及城市风貌，探索一种新的城市更新方向。

Abstract: Combining the transformation of existing metro stations with the change of urban public space is an important attempt at urban renewal in the core area of Beijing. Beihai North Station and Chongwenmen Station are selected as pilots to explore a new direction of urban renewal for the two different types of rail stations and urban landscape, namely, tourism and commuting.

02

■ 案例1：北海北站

1 站点区域现状

龙头井街始于唐代，称龙道村，清之后雅称为龙头井，后来恭王府在龙头井街南段修建家族祠堂——天寿庵。2012年地铁6号线在此设站，命名北海北站，地铁出入口及风亭就坐落在龙头井街南端，与天寿庵隔龙头井街相望，受拆迁进度影响，采用更为节地的高风亭，与出入口一同设置在三岔路口一角。2017年，在地铁出入口及风亭西侧启动建设的龙头井微公园，成为西城区最受欢迎的口袋公园之一。

2 改造原因与难点

地铁高风亭矗立在龙头井微公园三角地中央，将其分割为大、小两块空间，导致站前空间无法扩展，加之三面机动车道环绕，造成人车混行严重。地铁6号线的出入口地面亭与高风亭紧邻，贴龙头井街布置，与沿街巷其他古建立面差异较大。

---

01 北海北站改造后鸟瞰图
02 北海北站改造后总平面图
03 北海北站B口改造前西向远景
04 北海北站B口改造前西向近景
05 北海北站B口改造前东向近景
06 北海北站改造后夜景

03

04

05

06

3 改造后功能与特点

3.1 优化公园格局

通过将高大风亭改移至路侧低矮风亭，打通微公园三角地块之间隔阂，将地铁地面亭开口转向三角地块内部，拉近站前集散空间与微公园活动空间距离，实现两者错峰共享，扩展广场与道路的缓冲空间，缓解人车混行矛盾。

3.2 复原街巷风貌

整个龙头井街沿街建筑多为硬山屋面、灰砖黑瓦的传统民居形式。地铁地面亭北侧隔路相望的天寿庵景点已开放，其采用四合院制式，因此，地面亭造型也采用四合院倒座房形式，控制体量的同时，与天寿庵入口形成呼应，力求复原龙头井街巷原始风貌，打造古都风貌第一印象区。

■ 案例2：崇文门站

1 站点区域现状

崇文门俗称"哈德门"，是一个建于元朝的老城门。现今崇文门城墙已拆除，取而代之的是一个交通繁忙的五岔路口，路口各象限属性多元化，包含商场、医院、居民区，使宽阔的路口汇集大量机动车。

地铁2号线和5号线分别于1971年和2007年在此设站，助力市民便利出行，路口地下存在护城河、高铁隧道、地铁车站、市政通道等各类城市设施。

4 改造效益

4.1 微公园融合地铁实现规模扩容

微公园与地铁附属空间融合，公园范围延伸至景区路口的古树处，实现微公园规模增加。

4.2 地铁集散空间错峰共享提升效率

地铁附属融入公园后，站前集散空间与公园活动空间错峰共享，日间以地铁客流集散为主，晨间和晚间以居民活动为主。

4.3 景区门户古树焕发生机提升品质

通过增配绿植，使地面亭旁二级古树风貌焕发生机，助力什刹海景区门户环境品质提升。

2 改造原因与难点

地铁2号线与5号线车站换乘通道采用厅台直连方式，在2号线站台入口形成堵点。两线车站在西北象限设出入口、安全口，临近还有一处过街通道，相互之间不连通，服务效率低，地面建筑林立，缺乏统筹。

3 改造后功能与特点

3.1 串联地下空间

地铁2号线、5号线的出入口、安全口在地下整合为一个换乘厅，增加了换乘路径、配置无障碍电梯、扶梯等服务设施。地下厅直连市政过街地道，实现区域地下空间整合，优化过街地道服务水平，提升利用效率，净化地面人流。

3.2 街角环境降噪

通过地铁空间整合，减少地面附属建筑数量，优化出入口布局，在地面布设树阵、增配绿植、优化人行步道通路，在同仁医院入口营造一片静谧的林荫带，实现各象限不同功能地块的动静分离。

4 改造效益

4.1 为既有地铁线与旧城区注入新鲜活力

通过增加电梯、扶梯等设施，提升了老线地铁的服务水平。新站厅串联过街地道，提升整体的通行效率。

4.2 街角树阵林荫提升城市公共空间品质

街角绿地设置树阵，打造舒适的树荫区，消极空间转变为动静相宜的品质空间。

5 经验与思考

北海北站与崇文门站改造提升工程，分别代表了地铁站点在文旅区与老旧商业区的改造提升方向。区别于传统TOD建设形式，此次改造以城市更新为目标，以轨道改造为基础，以规划条件为指引，引入公众参与，是融合多方意见的成果，为未来轨道站点周边城市更新工程提供新的思路。

城市核心区更新改造涉及地铁运营、市政、属地等多部门管理，由规划、发改联合各委办局合力推进，为方案落地提供必要保障。

09

10

07 崇文门站改造后总平面图
08 崇文门站改造后鸟瞰图
09 崇文门站E口改造前后对比
10 崇文门站换乘现状
11 崇文门站E口改造后效果

11

公共空间类

19 长春火车站综合交通换乘中心南广场项目
Changchun Railway Station Integrated Transit Interchange South Plaza Project

项目地点：中国 长春
Project Location：Changchun，China
项目功能：枢纽景观
Project Function：Transportation Hub Landscape
项目规模：64303m²
Project Scale：64303m²
设计时间：2011年5月
Design Time: May，2011
竣工时间：2019年1月
Completion Time: Jan，2019
关 键 词：城市门户，站城融合，盖挖逆作
Key Words：Urban Gateway, Station-City Integration,
"Top-Down" Construction

01

摘要：长春火车站区域从"平面换乘"改造为"站城融合"的现代化枢纽，原春华商场从小商铺改造为充满活力的商业空间，火车站南广场工程解决了地面交通混乱的问题，这些使得城市面貌、交通服务能力得到很大的改善，也带动了枢纽周边区域的经济发展。

Abstract: The around Changchun Railway Station has transformed from a ground-level transit area to a modern hub exemplifying "Station-City Integration". The original Chunhua Shopping Mall has transformed from small-scale retails into a vibrant commercial area. The South Square project of the train station has addressed the issue of chaotic ground traffic, leading to significant improvements in cityscape and transportation service capabilities. It has also spurred economic development in the surrounding transportation hub area.

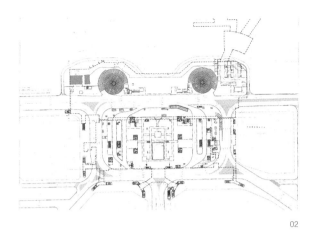

02

03

04

01 改造后站前广场鸟瞰图
02 总平面图
03、04 改造前站前人防工程（春华商场）
05 改造前火车站区域
06 改造后火车站区域

05

06

1 原场地特点

长春火车站始建于20世纪初，它历经拆除、新建、改造，于2013年成为可容纳1.5万人同时候车的现代化城市火车站。伴随着火车站的修建，火车站南广场区域也从"满铁附属地"发展成为城市门户和商业中心。由于历史保护街区的限制，火车站区域道路资源有限，停车供给水平不高，商圈多数建筑配建停车泊位不足，叠加火车站进出站客群，导致此区域交通组织较乱，迫切需要对其进行更新改造。

2 改造原因与难点

长春地铁1号线、3号线的批复建设，启动了在火车站南广场区域建设交通枢纽的工作，并同步对周边环境进行城市更新。主要建设难点包括：为了确保城市交通系统的畅通，枢纽建设过程中不能中断道路；在有限建设空间内，枢纽与地铁1号线、3号线立体共构，工程超大超深，施工难度大；枢纽换乘空间与国铁出站通道、城市地下通廊、既有站前人防工程（春华商场）、周边商业地下空间互联互通，如何无缝衔接不同设施接口；多种功能混合，管理界面如何划分等。

3 改造后功能与特点

3.1 站城融合——城市门户空间的华丽亮相

火车站区域的更新是带动城市复兴的重要方式。枢纽建成后解决了平面交通人车混行和站前没有集散广场的问题，优化了过境车流流线，增加了停车设施规模，提升了站区周边城市形象。

3.2 以人为本——提升旅客的空间舒适度

项目通过信息化与网络化，实现了项目对交通管理的有序组织和引导作用。枢纽地下一层约1万㎡的换乘大厅使旅客可在3min内实现不同交通工具的换乘。穹顶设置的天窗，在夏季温度超过室内设定温度时，可自动开启，排除热量，提升旅客的换乘舒适度。

3.3 技术创新——采用盖挖逆作工法的大型地下工程

在不阻断地面交通的情况下，采用盖挖逆作工法施工，节省

了基坑临时支撑、简化了工序、缩短了整体工期。长春市首次将型钢混凝土劲性梁用于地下结构，解决了换乘大厅17m大跨空间的使用需求，相比常规做法，增加净空0.6m，取得了明显的经济效益。项目采用分区段施工、逆作沉降差异控制、底板地基不同层的桩基刚度调平、微膨胀混凝土等技术手段解决了超大地下结构不设变形缝的技术难题。工程投入使用后，未发生竖向超限变形问题。

4 改造效益

"站城融合"是疏解城市交通拥堵、激发城市活力、减少碳排放的城市发展方向。枢纽的改造使得区域的交通条件、城市面貌得到很大的改善，提高了枢纽本身的交通服务能力，带动了枢纽周边区域的经济发展。枢纽及站前人防工程（春华商场）的改造，始终秉承着"以人为本、综合开发、优化环境"的理念，通过强化城市交通枢纽的公共换乘空间属性，实现了区域地下空间和慢行系统的互联互通，引导和拉动了老城区的更新和发展。

5 经验与思考

项目从2009年立项，2012年开始建设，2019年初投入使用，十年间经历了很多困难，实施方案也因内外部条件的变化多次修改调整。总结建设过程，枢纽类的城市更新项目值得我们思考的问题包括：针对日常通勤造成的潮汐客流变化和城市化发展带来的远期客流变化，如何预留和匹配枢纽的功能和空间；如何提高枢纽的步行可达性；如何体现枢纽所在区域的场所精神；如何将枢纽与地铁、国铁的接口、界面统筹设计。

07

08

09

10

07、08 枢纽换乘大厅
09 枢纽西侧穹顶
10 改造后站前人防工程（春华商场）

城市绿心森林公园南门综合服务区景观更新

Landscape Renewal of the South Gate Comprehensive Service Area in the Urban Green Heart Forest Park

公共空间类

项目地点：中国 北京
Project Location: Beijing，China

项目功能：广场景观
Project Function: Plaza Landscape

项目规模：3万m²
Project Scale: 30000m²

设计时间：2019年11月
Design Time: Nov.2019

竣工时间：2020年9月
Completion Time: Sep.2020

关键词：工业遗址，景观更新，有机交互，文化交融
Key Words: Industrial Heritage, Landscape Revitalization, Organic Interaction, Cultural Integration

01

摘要： 随着北京城市副中心的发展，通州东方化工厂等老厂房完成拆迁腾退。昔日浓烟滚滚的工业区，升级为集生态、休闲、智慧、共享于一体的北京城市绿心森林公园，这里留下了许多工业建筑遗址，也留下了一代人的工业回忆。设计围绕"延续老记忆，塑造新活力"这一核心思想，探索保留工业建筑与新建公共空间的糅融关系，通过城市更新织补新旧空间，实现老地方、新印象，重新焕发城市活力。

Abstract: With the development of Beijing's urban sub-center, old factories such as the Tongzhou Dongfang Chemical Plant have been demolished and cleared. The former heavily polluted industrial area has been upgraded into Beijing's urban green heart forest park, integrating ecology, leisure, smart technology, and sharing. Many industrial architectural relics are preserved here, retaining the industrial memories of a generation. The design revolves around the core idea of "continuing old memories, shaping new vitality". It explores the integration of preserved industrial buildings with newly built public spaces. Through urban renewal strategies, the old and new spaces are seamlessly connected, achieving a blend of familiar places with new impressions, thereby rejuvenating urban vitality。

1 原场地功能

场地位于北京市通州区张家湾镇，京津公路北侧的古运河畔，原为东方化工厂厂区。厂区始建于1978年，占地面积128万㎡，曾是20世纪90年代我国规模最大、品种最全、质量最优的丙烯酸及酯类产品的生产、科研、开发基地。它不仅见证了改革开放四十年来北京城市发展的光辉历程，也见证了一代通州人的奋斗历史和生活记忆。

2 改造原因与难点

近年来，随着城市高质量发展的需要以及通州区区域功能的转型，东方化工厂、东亚铝业等传统产业功能与城市发展定位不匹配，厂房自2012年起相继停产拆迁。2018年，北京城市副中心总体规划提出"两带、一环、一心"的绿色空间布局，这片拆迁后达百余公顷的集中土地成为"一心"的重要组成部分，将改造升级为副中心最具生态、活力、文化的大尺度绿色开放空间。东亚铝业厂房位于城市绿心森林公园南门综合服务区地块，建筑占地面积约1.3万㎡，是规划中保留下来的一组完整建筑群。与以往公园门区的设计思路不同，该地块曾是工业用地，具有鲜明的工业特质，面对保留的老设施和规划的新要求，如何使景观环境、空间布局与传统厂房的风貌和肌理保持协调，实现建筑与自然的和谐对话，是改造设计的难点与重点。

---

01 南门区广场改造后鸟瞰图
02 总平面图
03、04 改造前实景
05 改造过程实景

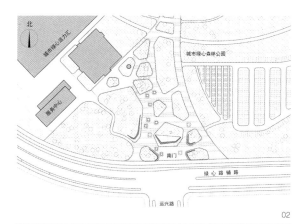

02

03

04

05

06

银杏 (7)
金叶榆 (6)
白皮松 (8)
国槐 (9)

国槐 (5)

金枝国槐 (4)
栾树 (3)
栾树 (12)
国槐 (7)
元宝枫 (10)
金叶复叶槭 (10)

油松 (14)
油松 (6)
栾树 (15)

银杏 (7)
金枝国槐 (11)
白皮松 (23)

白皮松 (5)
银杏 (18)
国槐 (13)
金枝国槐 (12)
小叶白蜡 (49)

牵牛花

油松 (9)
国槐 (11)
天蓝绣球

榆树 (1)
白蜡 (1)
小兔子狼尾草
国槐 (3)
栾树 (5)

07

06 南门区改造后实景
07 南门区种植方案
08 改造后门区广场实景
09 改造后下沉庭院实景

08

09

10

11

12

13

3 改造后功能与特点

3.1 门区广场与建筑空间的有机交互

门区广场呈南北向带状布局，与保留工业厂房构成公园南部的综合服务区。建筑改造尊重场所基因，最大化保留传统工业区的红砖材料和山墙立面，并运用锈钢板、玻璃幕墙等现代建筑语汇为室内空间注入新活力和新视野。建筑室外衔接门区广场，其空间布局自由灵动，以不同尺度的林荫绿岛组织多向人流，形成可游可观的共享空间。地面层与下沉层的错台处理，巧妙消纳场地高差，促进了建筑内外空间的渗透交互，也为公园举办各类市民活动提供了多样灵活的弹性场地。

3.2 植物景观与建筑风貌的和谐共生

植物景观强调"近自然，去人工"的设计理念，运用乔灌草的组团式种植营造"森林中的景观建筑，建筑中的森林景观"。运用北京地区的乡土树种：高大浓荫的国槐、栾树和青翠苍劲的白皮松、油松，自然点植于绿岛间，与工业气质的红砖建筑彼此映衬，相得益彰。观赏草是颇具工业风和野趣感的低维护草本植物，设计大量应用细叶芒、狼尾草等不同色彩和高度的品种，或掩映于建筑角隅，或丛植于铺装边界，整体拉近了人工设施与自然环境的亲近关系。

3.3 景观元素与场所记忆的文化交融

红砖是北京旧时工业厂房的主体材料，彰显了一段历史时期的文化记忆和城市风貌。景观设计立足场地独特的工业气质，大量运用红色陶瓷砖材料，用于广场铺装、花池挡墙及LOGO景墙。近50万块红砖通过多种砌筑图案的构建及细节工艺的精雕细琢，实现了新景观与老记忆的时空对话，也唤醒了新时期城市公共空间的创新艺术与人文活力。

4 改造效益

利用工业厂房改造而成的一站式体育文化综合体，融体育服务、轻餐咖啡、纪念品售卖等多种功能，带动了公园的人气与活力；公共空间的功能织补，满足了周边居民15分钟生活圈的休闲健身需求；一年四季举办的公园文化活动，促进了运营模式与绿色空间的融合；红砖元素的多方式多场景应用，传承了场所的历史文化记忆，也唤起了一代通州人的青春回忆。随着公园体育组团内的大型场馆和户外球场建设，该区域将成为运动主题服务与文化艺术展览的网红聚集地，以多元化的特色文化休闲，提升区域的吸引力。

5 经验与思考

绿心公园南门综合服务区景观更新项目自规划设计到实施落地历时两年，相对新建项目其设计与实施难度更大也更复杂。从起初的现场踏勘、分析研判，到设计图纸的反复修改，面

14

15

10 南门区广场改造实景
11 改造后红砖建筑实景
12 改造后门区绿化景观实景
13 改造后下沉庭院实景
14 改造后露天剧场实景
15 改造后的南门综合服务区鸟瞰图

对施工过程中的诸多现实困难，设计团队始终秉持追本溯源、敬畏文化的初心，才使得珍贵的现状资源得以保留延续，并焕发出生生不息的时代光彩。这是一次工业遗址景观更新的创新实践，既有成功的经验也有不足与遗憾，其过程值得我们总结与思考：如何从场所本底特征出发，挖掘其潜在价值；如何全过程统筹把控，确保设计的每一个细节落地实施；如何将设计思想与参建单位有效沟通，实现一张蓝图绘到底的愿景，都是未来城市更新类项目需要重点关注的环节。

21 济南西站天窗景观改造

Jinan West Station Skylight Landscape Renovation Project

项目地点：中国 济南
Project Location: Jinan，China
项目功能：广场景观
Project Function: Plaza Landscape
设计时间：2017年12月
Design Time：Dec.2017
竣工时间：2019年3月
Completion Time：Mar.2019
关键词：轨道交通，高铁站广场，景观天窗，地下空间
Key Words: Rail Transit，High-Speed Rail Station Plaza，Architectural Skylight，Underground Space

01

摘要：以"泉涌荷韵"为主题，与原广场荷花水景雕塑相呼应，通过景观改造，在高铁出站口为乘客提供可停留的休憩场所，同时将自然光引入地下轨道交通站台层。可谓：为地下轨道交通"开天眼"，为高铁广场"亮新颜"。

Abstract: The overall theme of the renovation runs through the "spring lotus rhyme", echoing the original plaza lotus water sculpture and utilizing the landscape to provide a stopping place for passengers at the exit of the high-speed rail station. At the same time, it will introduce natural light into the platform level of the rail transit directly. It is opening the skylight for the underground buried rail transit and brightening a new face for the high-speed rail exit plaza.

1 原场地特点

高铁济南西站建成于2011年，主出入口东广场中心设有一处荷花水景雕塑，空旷的广场缺乏可供行人停留休息的景观设施，空间略显单调、消极。东广场地下与高铁站房同期建设预埋了一座城市轨道交通十字换乘车站，为将来两条地铁线与高铁换乘预留了土建条件。该轨道交通站点位于高铁出入口正前方，车站完全位于地下，缺乏与自然环境的联系。

2 改造原因与难点

基于高铁济南西站预留的城市轨道交通条件，当济南市修建第一条轨道交通R1线时，本项目对地下预埋的地铁车站进行改造，增设天窗，同时也为高铁站前广场塑造新的景观。

由于改造需要拆除原预埋结构的梁板，将对其受力体系造成影响。同时增设天窗后的顶棚钢结构需要在既有结构上生根，玻璃水景附属的设备设施也需要在改造工程中考虑，而结构受力的改变又牵涉站房部分，均需确保改造实施的过程安全可行。因此，如何保证改造和加固工作的安全是本项目的难点所在。

02

03

04

05

01 改造后天窗及广场夜景
02 天窗平面布置图
03 改造后广场实景
04 改造后天窗俯瞰
05 改造后实景

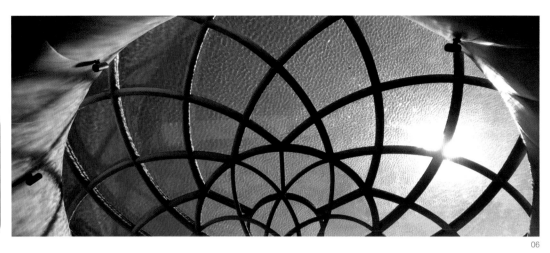

06

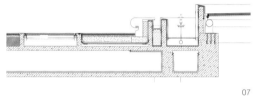

07

08

06 改造后天窗实景
07 改造节点图
08、09 改造后天窗夜景俯视
10 改造后天窗下方空间实景

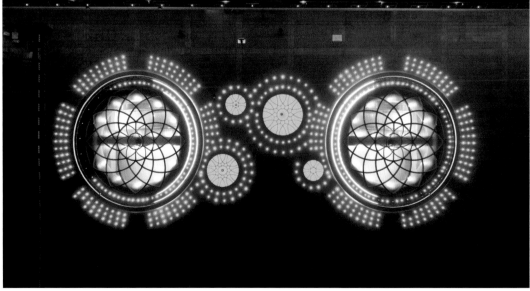

09

10

3 改造后功能与特点

3.1 在城市维度，打造城市门户形象，彰显泉城精神特质

设计采用泉水与荷花的意向，表现济南泉城的城市精神内涵。两个大天窗采用圆形的开洞形式，结合中间大小变化的几组圆形地灯铺装，表达"荷叶田田，步步生莲"的意境。天窗改造后给出入口的微环境增添了一抹亮色，也使景观改造具有了城市门户的意义，犹如城市明珠，迎接八方来客。

3.2 从广场维度，融入站前广场大环境，强化场所精神

景观改造以谦逊的姿态介入高铁原广场，呼应既有荷花水景雕塑，稳定和巩固了建筑与广场的场所关系。景观改造也兼顾功能，遵从原有的功能和流线组织，在不影响人员通行的情况下，为乘客提供进出站的停留区域，形成积极的活力空间，增强趣味性。在玻璃屋顶上覆盖薄薄一层水面，形成"平地涌出白玉壶"的涌泉之势，水面倒映城市楼群，广场上不断有乘客聚散，围绕在风吹水面的景致左右。

3.3 在地下空间维度，引光造景，提升空间品质

改造后将自然光引入地下轨道交通站点内，直至地下三层站台，使原本压抑的空间敞亮舒适，并起到一定的空间标识作用，为乘客出行明确空间方位。同时也在地下空间中融入自然的"光"和"风"，水与玻璃的通透性将地面上下豁然贯通，风吹水面，波光粼粼的景致引入室内。

3.4 在细部设计上，体现亲人的景致、贴切的材料、精致的细节

设计采用石材和不锈钢结合的材料，形成亲人的细部构造，在站前广场呈现出一处精致的小品设计。两个大的圆形天窗中间设置四组圆形地灯铺装，钢结构龙骨采用荷花瓣形式呈现，意向上表达出荷叶有开有合，亦动亦静的姿态。

3.5 灯光亮化设计为夜晚的广场造景

考虑到站前广场夜间的景观作用，天窗改造后对灯光亮化做了细致的处理。设计将泉涌荷韵的主题一以贯之，在水景的内外布置了不同的灯光形式，勾勒出圆形，也与原有的荷花水景雕塑的灯光设计相呼应。通过玻璃龙骨的形式塑造荷花荷叶，通过灯光色彩的变幻使广场空间流动而丰富。室内外照明交相辉映，融为一体。

4 改造效益

本项目创造出体现"泉"与"荷"内涵的景观，契合泉城的城市精神特质，在京沪高铁沿线打造城市门户形象。通过融入自然"光"和"风"，提升了站前广场及换乘大厅的景观效果和空间品质，风吹水面的景致和圆形水景座椅增加了乘客的候车舒适度。

5 经验与思考

高铁站前广场的景观改造，是在轨道交通车站压缩工期的紧张过程中展开的，面对实施过程的种种困难，设计师结合现场实际情况给施工方提出了多方面的可行建议，最终实现以微更新点亮城市的效果。对于此类更新改造项目，设计需挖掘所在城市的文化内涵、尊重原场地既有景观、增补功能和服务不足，以"微更新"的改造手法实现城市景观提升。

22 天宁寺桥桥下空间更新改造项目

The Renovation and Transformation Project of the Space under the Tianningsi Bridge

项目地点：中国 北京
Project Location: Beijing, China
项目功能：运动休闲
Project Function: Sports Leisure
项目规模：4900m²
Project Scale：4900m²
设计时间：2021年3月
Design Time：Mar.2021
竣工时间：2023年4月
Completion Time：Apr.2023
关键词：桥下空间，微更新，运动休闲，儿童游乐
Key Words: Space Under the Bridge, Space Optimization, Sports Leisure, Kids' Playground

公共空间类

01

摘要：在融合周边文化元素的基础上，打通桥下空间与滨水绿道的交通断点，连接社区，补充公共服务设施，增加照明和监控，提升桥区交通安全，最大限度开放与优化公共空间，将分割城市生活的"桥下灰色空间"打造成"公共活力空间"。

Abstract: By integrating surrounding cultural elements, the project tries to connect the breakpoint between the space under the bridge undercroft and the waterfront greenway, seamlessly connecting it to the community. Supplying public amenities, enhancing lighting, and surveillance measures are implemented to ensure transportation safety within the precinct. It aims to maximize the public space and quality, and this initiative aspires to transform the segregating "space under the bridge" into a "dynamic public hub".

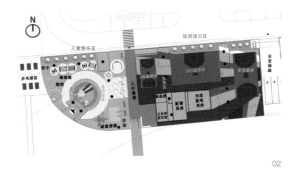

02

1 原场地特点

天宁寺桥位于北京西城区广安门内街道，桥下空间此前主要作为单位停车、公交场站及市政养护站点使用。原桥下封闭昏暗，视觉形象差，与二环路文化景观环线风貌不符；使用功能单一，空间利用低效；与周边缺乏联通，人行断点较多，过街不便。

2 改造原因与难点

桥下空间本应是城市公共空间的重要组成部分，但常常是被"遗忘"的地方。天宁寺桥下空间长期以来被违规侵占、无序使用，成为城市的消极空间，难以满足周边居民对公共空间和配套设施的需求。

由于空间的特殊性，桥下空间的营造必须在保障桥梁安全的前提下进行，各类设施和建筑功能、规模的设计等都受到严格限制。由于历史原因，桥下空间的改造涉及单位较多，产权复杂。

3 改造后功能与特点

3.1 以活力明亮的色彩点亮桥下空间

结合首都核心区风貌特色及周边老城文化底蕴，设计以"丹韵银律"色彩导则为依据和基础，采用"银律"中的中蓝色为主基调，配合蓝灰色及暖灰色系；以"丹韵"中的暖黄色为点缀色，提升空间色彩明度及趣味性。

3.2 以灵活多样的功能增补公共服务

根据桥下空间的特点及周边社区情况，设计儿童游乐区、运动活力区和配套服务区，构建特色鲜明的桥下空间。儿童游乐区将星球造型的钢筋滑梯延伸至松软的沙坑，童趣盎然；运动活力区打造不受天气影响的多样综合运动区；配套服务区提供自动售卖、洗手间等服务功能。

3.3 以开放可达的空间缝合街区

改造充分保证桥下空间的开放性与可达性，缝合被桥区割裂的街区空间。场地内植入多元功能，形成桥下空间的活力汇聚点，同时保证充足的灯光照明，将原本封闭的空间改造为开放通达的公共活力空间。

3.4 以安全无障碍的慢行通道连接社区

拆除原本阻碍过街的部分停车空间，增加无障碍坡道，消除步行断点，打通一条5m宽的无障碍安全过街通道，有效连通周边社区。

4 改造效益

设计立足于"创新、协调、绿色、开放、共享"的新发展理念，完善老城区城市功能、重塑城市空间肌理、提升了桥下空间的品质和利用效率。本项目整合了休闲、运动、便民服务等多种功能，是北京市首个多元复合的既有桥下空间提升利用试点项目。同时设计团队配合北京市规划和自然资源委编制《桥下空间利用设计导则》，进一步完善了桥下空间设计的技术标准体系。

---

01 改造后实景
02 总平面图
03、04 改造前实景
05 改造过程中实景

03   04   05

06

07

08

09

10

5 经验与思考

项目前期进行了两轮大规模线上、线下的公众参与的民意征集，但实施过程中仍然出现了不同的意见，最终通过积极地协调和平衡，形成各方满意的综合方案。设计结合后期运营需求，兼顾收益与公益，尽量以低投入实现可持续发展。场地内以开放空间为主，通过绿化使各类设施布局与桥体保持安全距离，消除安全隐患。

本次更新实践，转变了桥下空间的使用理念，重新明晰了其空间价值，积极探索出可复制、可推广的经验。此类项目既是公共空间的微更新，也是市民生活方式的重塑，以"小而精、小而美"的改造，推动城市存量空间的活化与利用。

11

06 改造后综合运动区实景
07 改造后U6篮球场实景
08 改造后综合运动区实景
09、10、12 改造后建筑实景
11 改造后攀爬架实景

12

23 新动力金融科技中心屋顶花园
New Actuation Fintech Center Rooftop Garden

公共空间类

项目地点：中国 北京
Project Location：Beijing，China
项目功能：屋顶花园
Project Function: Rooftop Garden
项目规模：3950m²
Project Scale：3950m²
设计时间：2019年2月
Design Time：Feb.2019
竣工时间：2020年12月
Completion Time：Dec.2020
关键词：屋顶花园，景观改造，第五立面，观景平台
Key Words：Rooftop Garden, Landscape Renovation，Fifth Facade, Viewing Platform

01

摘要： 新动力金融科技中心的前身为"四达大厦"，建筑功能为公交枢纽与小商品批发市场，改造后已成为新一代智慧城市综合体。原屋顶花园的功能布局与新型办公建筑不再匹配，改造将原屋顶露台更新为充满活力的户外创意共享空间，成为一处天然的城市观景平台。

Abstract: The "New Actuation Fintech Center" was previously known as "Si Da Building", The original purpose of the building was for a public transportation hub and a retail wholesale market, but after renovation, it has become a new generation smart city complex. The functional layout of the original rooftop garden no longer matched the design of modern office buildings. Therefore, the original rooftop terrace has been transformed and updated into a vibrant outdoor creative shared space, serving as a natural urban viewing platform.

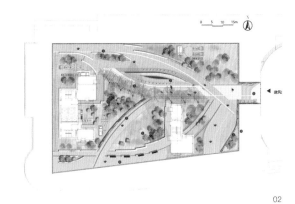

02

01、04、05 改造后实景
02 总平面图
03 改造前实景

03

04

05

1 原场地特点

场地位于西城北展片区新动力金融科技中心八层屋顶。原屋面具有得天独厚的景观资源，有较好的观景视线，可远眺西直门商圈、北京展览馆、北京动物园、西山等城市景观风貌。原屋面还具备良好的种植条件和防水基础，绿化较丰富且植栽生长状况良好。

2 改造原因及难点

虽然原屋顶有较好的种植条件，但整体空间布局与新功能不符、环境品质老旧，无法与改造后的大厦整体形象定位相匹配。如何利用好原屋面种植条件，做好屋顶防排水系统，使屋顶景观空间满足新的功能需求，是屋顶花园改造的重点与难点。

3 改造后功能与特点

3.1 梦想甲板的设计理念

设计结合建筑金融产业特征与建筑横向外立面，将建筑主体抽象为船帆，屋顶花园抽象为眺望远方的甲板，提出梦想甲板的设计理念，既将建筑与景观设计融为一体，又寄托了对金融科技这一深具未来引领性产业扬帆远航的美好期许。

3.2 多元共享的交流空间

设计基于新型功能需求，相应布置互动吧台、休闲交流空间、开放展演舞台、社交阳光草坪、城市眺望平台等，打造了多元创意共享的户外空间，成为金融科技精英思维创意孵化的梦想空间。

3.3 流畅协调的设计语汇

更新后的总体设计语汇流畅舒展。功能动线采用流线型设计，对屋面空间进行合理利用，布置多处尺度不一、功能多元的共享交流空间，并有效组织引导人群去往不同功能场所。此

外，屋顶吧台也采用流线感强的船帆样式，满足防风的同时与建筑立面相呼应。

3.4　看得见风景的城市露台

综合考虑城市周边景观资源，充分利用建筑得天独厚的观景条件，布置不同朝向的观景平台，将屋顶花园整体打造为看得见风景的城市景观露台，饱览不同城市景观风貌。改造后的屋顶花园南北两侧布置景观花箱和休闲座椅，设计观景场地供人们向北俯瞰北京动物园及北京展览馆，向南观望北京金融科技中心片区。

3.5　工程设施消隐于无形

通过功能空间的合理布局、动线的组织引导与地形遮蔽弱化设施对核心活动空间的视觉影响，并采用简洁大气的设计元素对屋面设施进行统一外立面设计，弱化其对整体景观品质的影响。屋面利用微地形丰富绿地空间层次，结合地被灌木的搭配，增加景观维度，同时满足屋面绿化简洁精致的整体风貌。屋面采用架空铺装，合理解决排水问题。

4　改造效益

新动力金融科技中心屋顶花园与建筑协同一体化设计，改善了片区风貌，丰富了城市第五立面，形成了一道亮丽的城市风景线。屋顶花园作为星光发布厅的室外空间延伸，为所在办公人群提供了舒适、多元、共享、人性化的创意梦想空间，可以充分舒释放工作压力。

5　经验与思考

回顾项目改造全程，设计理念的落地会遇到很多问题，如现场与图纸存在偏差，仅能通过改造过程不断跟进实际场地条件来同步调整方案落地性，在前期策划中需要适当预估此类可能造成反复工作的风险。同时设计前期的部分设想会因实际条件而改动，如屋面设置廊架、雨篷等遮蔽设施，需考虑室外风速等实际参考因素，尽量降低施工难度及避免安全问题。

24 北京市密云区阳光公园改造项目
Beijing Miyun District Sunshine Park Renovation Project

项目地点：中国 北京
Project Location: Beijing，China
项目功能：城市公园
Project Function: City Park
项目规模：1.5万㎡
Project Scale：15000m²
设计时间：2020年4月
Design Time：Apr.2020
竣工时间：2021年4月
Completion Time：Apr.2021
关键词：城市更新，公园城市，全龄友好
Key Words：Urban Renewal，Park-city，All-age Friendly

公共空间类

01

摘要： 地处城区商业核心地段的密云阳光公园初建于20世纪90年代，历经岁月，基础设施已经残缺破败，空间封闭、使用率低，成为城市的消极空间。设计对公园进行改造更新并注入活力，打造了全龄友好型城市共享空间。

Abstract: Miyun Sunshine Park, located in the city's commercial core, was built in the 1990s. Through the years, the infrastructure has been dilapidated, the space is closed, the residents use it inefficiently, and it has become a negative public space lacking vitality. The renovation project energizes the park to create an all-age-friendly urban shared space.

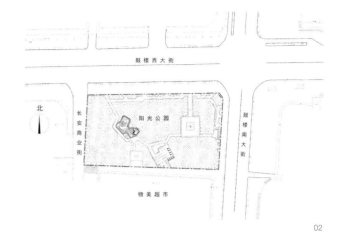

02

1 原场地特点

阳光公园位于密云城区商业核心地段，占地1.5万㎡，周边聚集区政府、大剧院、奥特莱斯购物中心等多种建筑设施，地理位置优越，但年久失修的残破场地已难以满足周边居民及商圈对于互动交流和社交休闲的活动需求。

2 改造原因与难点

随着时间的推移和人们生活方式的转变，场地内老化破败的基础设施、功能单一的公共空间，以及人难进、路难走的园路交通系统，难以满足人们户外活动的需求。2021年，北京市启动城市更新行动计划，强调"坚持转变城市建设发展方式，由依靠增量开发向存量更新转变"，推进街区公共空间景观改善提升，推动街区整体更新。废弃封闭时久的阳光公园作为密云区城市公共空间更新示范点，启动公园改造提升工程。

原场地高大乔木繁茂，需全部保留，在不干扰现状大树的情况下如何规划与设计活动场地；如何打开封闭的公园围界，将绿地融入城市街景；如何延续场地文化特色与记忆点，是公园改造的难点和重点。

03

04

01 改造后公园鸟瞰图
02 总平面图
03 改造前公园封闭边界
04 改造前公园低效林下空间

05

06

05 改造后公园开放空间夜景
06 改造后阳光草坪
07 改造后老年花园
08 改造后无障碍通道
09 改造后儿童乐园

3 改造后功能与特点

3.1 从"封闭的公园边界"到"开放的公园城市"

拆除公园原有连续封闭的栅栏边界，局部保留挡墙块石，利用内外高差形成高低错落的台地景观，结合休憩港湾、台地坐凳等设施打造为开放共享、趣味休闲的公园边界，营造可行可赏、景观宜人的绿色街道慢行空间，使封闭的公园边界从"快速通行的冰冷街道"改为"各得其所的休闲街道"。

3.2 打造"全龄友好"型城市公园

公园在更新设计中贯彻全龄友好理念，充分考虑全年龄段，特别是老年人和儿童的使用需求，因地制宜地提供健康、安全、舒适、充满关爱的高品质公园环境及服务设施，以提升公园的服务效能与使用体验。在有限的空间中规划多年龄段儿童活动场地，小童区设计儿童沙坑、翻面墙、小滑梯，中大童区设计组合滑梯、攀爬架、运动坡地和柔性塑胶场地，同时保持儿童活动空间座椅充裕、视线通透，给成年人更舒适的看护空间。老龄活动区采用动静分隔化处理，动态空间设置易操作、安全

性强的健身活动设施，静态空间设置人性化带靠背的座椅和放置水杯的凹槽，方便老年人日常交流休息。

3.3 建立稳定的生态系统

针对原本树种单一、种植密度过高、植物配置杂乱、生态系统稳定性差的植物空间，设计团队移除了部分长势较差的乔木，清除下层杂灌木，保留原有冠大荫浓的法桐、银杏、雪松、油松等大乔木。同时补植乡土春花灌木及宿根地被花卉，实现乔灌草的复层搭配，从而提升绿地生态系统保持或恢复自身结构和功能相对稳定的能力，也达到"增彩添绿"的植物观赏效果。

4 改造效益

改造后的阳光公园成为周边居民与商圈活动的聚集点，吸引各年龄层的居民们前来活动和交流，让这个往日陈旧乏味的空间重新焕发活力，也让这个承载岁月记忆的地方见证全新故事的展开。

07

08

09

5 经验与思考

城市老旧公园承载着几代人的情感和生活记忆，也见证了一个城市区域的历史人文变迁。由于全球疫情蔓延、老龄化、隔代养育等一系列新的社会问题，使得城市公园更趋于向全龄友好型公园转变，公园设计需充分考虑各年龄段的现实需求，遵循以人为本的设计准则，不随众、不生搬硬套，营造真正属于城市的共享公园，让居民真切地感受推门即是美好生活，城市即公园。

对于老旧公园的更新设计类项目，设计师需要着力思考如何把绿地还给市民；如何刺激公共生活与商业潜力；如何带动城市文化的繁荣复兴，并在设计实践中以实际行动推动城市活力复兴。

25 四环辅路（海淀桥－志新桥）慢行系统品质提升

Improvement of the Quality of the Slow-traffic System of the Fourth Ring Road Subsidiary Road (Haidian Bridge - Zhixin Bridge)

项目地点：中国 北京
Project Location:Beijing, China
项目功能：慢行空间
Project Function: Slow Traffic Space
项目规模：约5.4km
Project Scale：About 5.4km
设计时间：2022年
Design Time：2022
竣工时间：2023年
Completion Time：2023
关键词：慢行系统，景观提升，城市更新，主题文化
Key Words: Slow Traffic System, Landscape Improvement, Urban renewal, Thematic Culture

01

02

01 改造设计范围
02、04 改造前实景
03 改造后效果
05 改造后实景

03

摘要：本次慢行系统改造分为一般路段和景观提升路段。一般路段主要是步道、缘石、盲道的修复更换及公交站台与人行道间增设无障碍盲道。景观提升路段依据现状道路两侧的业态，运用主题创意的手法，通过绿化、构筑物美化、铺装优化、挡墙景观化等方式结合交通组织和人行感受打造一条舒适便捷的慢行步道。

Abstract: The improvement of the slow walking system is divided into the general section and the landscape enhancement section. The general road section is mainly for the repair and replacement of walkways, curbs, blind roads, and the addition of a barrier-free blind road between the bus stop and sidewalk. Landscape upgrading section based on the current roadway on both sides of the commercial industry, using thematic creative techniques through greening, beautification of structures, paving optimization, retaining wall landscaping, and other ways of combining the traffic organization and pedestrian feeling to create a comfortable and convenient slow walkway.

1 原场地特点

项目位于北京市海淀区，设计范围西起海淀桥，东至志新桥，全长约5.4km。项目周边汇集中关村科技园区、高校、中科院研究所，是北京市传统的高新产业聚集地。本次慢行系统改造分为一般路段和景观提升路段：一般路段主要是步道、缘石、盲道的修复更换及公交站台与人行道间增设无障碍盲道；景观提升路段主要进行城市多元文化界面的雕琢，分为人文主题和科技创新主题。

2 改造原因及难点

本次改造的四环辅路于2000年竣工，经过22年的使用，道路出现了各种不同程度的病害，部分慢行系统设置也不符合现在的交通需求。如何整合道路资源及协调不同产权单位的建设内容，做到功能保障、环境提升、文化承载是这次改造的重点和难点。

3 改造后功能与特点

3.1 以景观与交通、保留与创新、需求与投入、标准与特色四个统一为设计原则

非机动车道和步行道与景观融合实现了景观与交通的统一；改造保留现状既有功能的同时融合创新思维，体现了保留与创新的融合；从项目场地实际情况以及市民需求出发，合理配置资源，做到需求与投入的统一；设计在建立标准的同时挖掘区域人文特色，彰显地区特有景观风貌。

3.2 以人文和科技创新两种主题进行城市文化界面的雕琢

本次改造的四环辅路周边主要为以中关村高科技产业园区为代表的高新技术和科技创新产业用地；以北大、清华、地大、科大、北航等高校为代表的高校聚集地；以及以中科院为代表的国家科研单位，是科技高地，同时也是创新高地。用设计语言体现各高校产学研氛围，用设计手法体现创新科技感。通过两种不同的主题进行城市文化界面的雕琢，人文主题将周边名校校训，融入街道角落，科技创新主题以科创元素用地雕的方式体现。改造后的步道铺装加入人文和科技元素的图案和文字，提升艺术美感，促进文化传承。

3.3 以人为本，保障通行

通过精细化设计，精准恢复道路使用性能。针对道路使用功能特点，对设计内容力求全面，主要包括道路路面病害的处理、路面结构的加强、车辙的预防处理、无障碍设施的改造及完善、慢行系统的梳理、道路标线恢复完善、检查井周边加固等内容，全面提升道路的使用性能。针对市民反映较多的人行步道被机动车停车侵占问题，通过增设步道阻车桩的方式来配合整治停车问题，保障行人路权。

4 改造效益

随着"慢行优先，公交优先，绿色优先"发展理念的不断深入，保障步行和自行车交通的路权和安全，提升其交通环境质量，推动城市道路空间建设向人性化、精细化发展，成为实现"双碳"目标、城市更新的重要方向，也是人民群众获得感、幸福感、安全感的切实保障。

本项目以问题为导向，把握市民日常出行的痛点，保障了慢行系统的交通功能，提升了慢行空间的景观效果。通过见缝插针的手法对小微公共空间进行"针灸式"更新，融入文化元素，运用多层次材料，以"点"带"面"美化城市街区，增强街区魅力、凸显文化底蕴。

5 经验与思考

街道空间的改造既要做到整洁规范，又要挖掘与保留各街区的历史底蕴和特色，做到"一街一主题、一街一风格"。改造过程需注重文化精髓的提炼、城市风貌的彰显和交通秩序的引导。针对街道慢行空间改造类项目，通过设计手法提升慢行环境、营造街道主题氛围、营造彰显区域风貌特色是设计的核心所在。

04

05

市政设施类

地铁8号线三期（王府井）地下综合管廊（一期）工程

大红门桥区积水治理工程

昆明市第三水质净化厂新厂区示范工程

朝阳北路（四环-五环）道路大修工程

26 地铁8号线三期（王府井）地下综合管廊（一期）工程

Metro Line 8 Phase III (Wangfujing) Underground Integrated Pipe Gallery (Phase I) Project

市政设施类

项目地点：中国 北京
Project Location: Beijing，China

项目功能：综合管廊
Project Function: Municipal Utility Tunnel

项目规模：主干管廊总长度约1853.55 m，支管廊36.6m
Project Scale: The total length of the main utility tunnel is about 1853.555m, secondary utility tunnel is about 36.6m

设计时间：2016年12月
Design Time：Dec. 2016

竣工时间：计划2024年底
Completion Time：Planned for the end of 2024

关键词：地下空间一体化，与轨道交通共建，市政基础设施改造，智慧运维
Key words: Underground Space Integration, Joint Development with Rail Transit, Municipal Infrastructure Renovation, Intelligent Operation and Maintenance

远期预留地下商业开发空间

远期预留地下商业开发空间

综合管廊

地铁8号线3期

综合管廊

01

摘要：王府井作为首都重要的商业中心，在北京乃至全国都具有较高的知名度和影响力，但当前也存在着市政设施陈旧、交通系统不完善、功能布局不合理、区域空间结构杂乱等问题。重新激发王府井的活力，以地下空间开发为"催化剂"，联动地上地下的空间改造，以"城市客厅"的理念对王府井进行重塑，进而带动整个区域的转型升级。借助地铁8号线在王府井大街建设综合管廊，将大部分市政管线收纳其中，置换出大部分浅层地下空间，为王府井大街的地下空间开发预留条件。同时有效避免由于敷设和维修地下管线频繁挖掘道路对步行街环境及客流造成影响和干扰，保持整个商业区域的完整和美观。

Abstract: As one of the important commercial centers in the capital, Wangfujing has high popularity and influence in Beijing and even the whole country. However, currently there are also some problems such as outdated municipal facilities, imperfect transportation system, unreasonable functional layout and disorderly regional spatial structure. To re-stimulate the vitality of Wangfujing, it is necessary to take the development of underground space as the "catalyst", link the space transformation of above ground and underground space, and reshape Wangfujing with the concept of "urban living room", so as to drive the transformation and upgrading of the whole region. With the help of rail transit Line 8, a comprehensive pipe corridor is built in Wangfujing Street, where most of the municipal pipelines are stored and replaced most of the shallow underground space, to reserve conditions for the development of underground space in Wangfujing Street. At the same time, it can effectively avoid the impact and interference on the pedestrian street environment and passenger flow caused by the frequent laying and maintenance of underground pipelines, and maintain the integrity and beauty of the whole commercial area.

1 建设背景

王府井商业区是北京市级商业中心区之一，四至范围为南起东长安街、北至五四大街、东四西大街，东起东单北大街、西至南河沿大街，面积1.65km²。范围内总建筑规模约350万m²，其中商业商务设施总规模247万m²，含商业规模80万m²。王府井商业街的年均客流量达8000万人次，年度商品零售额逾120亿元。

王府井作为首都重要的商业中心，经过20世纪末的整治改造，已初步实现由传统商业街向现代商业街区的转型。但由于建成年代较早，存在着部分市政设施陈旧、市政管线敷设混乱、区域空间结构杂乱等问题，亟须加快推进中心城区功能的调整和疏解、产业结构优化升级以及地铁8号线建设等重点任务，开展王府井地下空间综合利用改造，力求将王府井塑造成集品牌体验、休闲娱乐、文化社交、商业服务等多种功能为一体的"休闲体验第一街"，切实提高生活性服务业品质，成为一张展示首都和国家形象的"金名片"。

01 王府井改造后地下空间一体化整合效果
02 王府井商业区范围
03 王府井大街现状道路市政断面
04 王府井大街地下空间分层利用图
05 王府井综合管廊监控中心剖视图

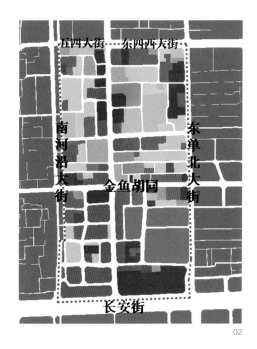

02

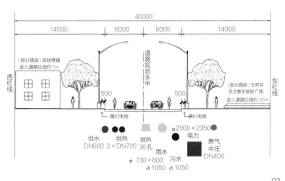

03

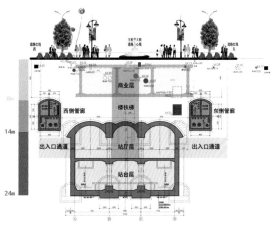

04

地铁8号线南北向穿越王府井大街，三期工程建设在即，在范围内设王府井、王府井北、美术馆三站。确定同期建设地下综合管廊，为王府井地区地下空间的建设提供了有利条件。

2 改造原因与难点

重新激发王府井的活力，需要以地下空间开发为"催化剂"，联动地上地下的空间改造，以"城市客厅"的理念对王府井进行重塑，进而带动整个区域的转型升级。但王府井大街现状市政管线除电力隧道外均为直埋敷设，平面布局分散，高程一般在地面下-6.0~-1.0m（电力隧道最深处外底高程约地面下-12.0m），占用了王府井大街大部分浅层地下空间，给王府井大街的地下空间开发造成障碍。另外，该地区历史底蕴深厚、文化资源丰富，而地区产权构成复杂、经营主体多元，如何在不对地面商业产生过多影响、不完全中断市政供应的情况下，把现有市政管线的空间腾出来进行操作是改造难点。

3 改造后功能与特点

3.1 地下空间统筹规划，分层利用

王府井地下综合管廊的竖向高程与地铁8号线三期工程（包括地铁车站、区间及附属设施）相协调，并考虑综合管廊先期作为地铁施工降水导洞的功能要求。统筹规划地下空间，将王府井大街地下空间竖向划分为三层：浅层空间（-8m以内）作为开发层；中间层（-15~-8m）作为综合管廊层；次深层空间（-25~-13m）作为地铁车站及区间层。综合管廊位于中间层，现状给水、电力、通信、热力及规划再生水管线入廊后，为王府井大街地下空间浅层开发预留条件。

3.2 与轨道交通共享资源，变废为宝

受现状地铁1号线高程及场地施工条件等因素的制约，地铁8号线三期工程（美术馆站—王府井站）内2座车站及2个区间均采用暗挖工法。由于不能在王府井大街地面设置地面降水井，需独立设置双侧降水导洞进行降水施工。一般情况下，降水导洞在地铁施工完毕后作填埋报废处理。综合管廊根据上位规划入廊管线种类及规模，对原降水导洞断面进行适当扩大，在地铁降水施工完毕后进行二次利用，作为综合管廊舱室空间。利用降水导洞长度占综合管廊总长度的85%，大大节省了建设投资。

王府井综合管廊及地铁的同期建设，共用地铁的前期手续（勘察、设计、征地拆迁、管线改移及园林绿化伐移），减少前期工作，同时还提高了临时结构、施工占地及永久占地的利用率，降低了工程造价和工程风险。

3.3 优化地面附属构筑物，协调融合

王府井综合管廊采用长大区间逃生及通风技术，通过设置紧急逃生通道，优化地面安全出口、通风口数量。通风口由6个减少到4个，安全出口由10处减少到5处。同时，出地面人员出入口、风亭采用"消、隐、融"的景观处理手法，与地铁车站进、排风亭贴建、景观融合，实现与王府井步行街风貌统一协调。

3.4 建立智慧运维管理系统，数字管理高效服务

首次运用基于云服务、物联网、BIM/GIS及大数据技术的综合管廊智慧运维管理系统，该系统针对运维管理的需求，开创性地开发了综合管廊管理系统、实时监控系统、安防管理系统、通信管理系统、应急管理系统、日常管理系统、资产管理系统、大数据智能分析决策系统等8个子系统。

各子系统之间、各子系统功能模块之间，基于统一数据库实现，满足数据共享的要求，同时系统各部分与管廊内相应的硬件设备具备联动控制功能。

综合管廊智慧运维管理系统利用综合数据云服务平台对外提供统一的数据服务，实现综合管廊各类数据、信息的集中存储、管理、分析与共享，为各类智慧应用提供完整的、有效的数据支撑。

4 改造效益

王府井地下综合管廊工程是王府井大街地下空间高效整合、基础设施标准提升的重要举措。在王府井大街建设综合管廊,将大部分市政管线收纳其中,符合集约利用地下空间资源的规划要求,并置换出大部分浅层地下空间,为王府井大街的地下空间开发预留条件。地下空间的开发,形成与地铁车站、商场之间互联互通的地下步行网络,有利于分流地面人流,为游客营造便利、舒适的全气候购物环境。同时,大量人流通过地铁进出王府井地区,将降低人群对地面公交的依赖,缓解地面公交运力不足的问题,为今后进一步降低地面公交比例,减少线路提供支撑。

减少因管线更新和新增市政管线时对城市道路的重复开挖,降低了市政管线受外力影响的风险,保障了交通畅通并节约了社会资源,为王府井大街创造了开放、安全和舒适的空间环境,提升了本地区的地块价值。

5 经验与思考

北京市地铁8号线三期(王府井)地下综合管廊工程,是一个典型的在老商业核心区与地铁共建的综合管廊项目,通过综合管廊与地铁施工工程的功能复合,实现地上地下空间统筹协调、有机整合。市政基础设施的城市更新工作,以改善人居环境、补齐城市短板、治理"城市病"为核心。推动浅层地下空间有序化、市政设施集约化、环境人性化的城市地下空间一体化体系。

27 大红门桥区积水治理工程

Dahongmen Bridge Area Waterlogging Remediation Project

市政设施类

项目地点：中国 北京
Project Location: Beijing, China

项目功能：雨水泵站
Project Function: Rainwater Pump Station

项目规模：调蓄池总容积 11233m³
Project Scale: Total Volume of Reservoir : 11233m³

设计时间：2016年10月
Design Time：Oct.2016

竣工时间：2018年5月
Completion Time : May.2018

关键词：下凹立交，雨水泵站，升级改造，调蓄池，重现期
Key Words: Depressed Interchange，Stormwater Pump Station，
Upgrading & Renovation，Reservoir，Recurrence Period

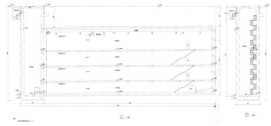

01

02

03

04

01 暗挖多导洞调蓄池及竖井底板平面图
02 总平面图
03 暗挖多导洞调蓄池五列断面图
04 三维有限元模型图

摘要：城市下凹立交是城市交通的重要节点。2012年以来北京市极端降雨事件频繁发生，屡次造成下凹式立交桥区严重积水，对城市安全运行和居民出行造成了不利影响。工程通过改造雨水口、更换或新增管线、更换水泵、改造集水池、新建初雨池和调蓄池等措施，实现消纳峰值雨水和储存初期雨水，缓解了初期雨水对水体的污染，为今后雨水资源化利用创造了基础条件，具有节水、防洪、生态环境三个方面的效益。

Abstract: The urban depressed interchange is a crucial traffic node in the city. Since 2012, Beijing has experienced frequent extreme rainfall events, leading to severe waterlogging in the depressed interchange areas, which has had adverse effects on urban safety and residents' mobility. The project involves measures such as renovating stormwater outlets, replacing or adding drainage pipelines, replacing pumps, modifying catchment basins, constructing new rainwater storage tanks and detention basins, and more. These measures help accommodate peak rainfall and store initial runoff, alleviating pollution during the early stages of rainfall. This project creates the foundational conditions for future rainwater resource utilization and delivers benefits in terms of water conservation, flood control, and ecological preservation.

1 建设背景

近年来，由于暴雨频发，北京、上海、广州、深圳、武汉等城市均发生过严重积水，给人民的生命财产带来重大损失。根据北京市政府、北京市水务局等有关部门指示及国家最新相关规范要求，对城市中心区下凹立交雨水泵站系统的升级改造刻不容缓。大红门区积水治理工程是北京市2012年"7·21"暴雨之后启动78座中心城区下凹桥区泵站升级改造工程之一。大红门下凹桥区低水汇水面积14.65hm²，设计重现期P=10年，径流系数Ψ=0.81，设计规模Q=6.942m³/s。新建调蓄池位于现状永南泵站以北现状平房的下方，占地1041.7m²，覆土5.57m，埋深26.90m，总有效池容11233m³，其中暗挖导洞达30个，平面布局为阶梯形，埋深27m，建设体量为全国暗挖调蓄池之最。

2 设计创新

本工程贯彻海绵城市建设理念，改扩建泵站收抽系统，新建排蓄系统解决桥区积水难题，为下凹桥区应对高强度降雨险情争取了应急反应时间、缓解了初期雨水对城市水体的污染；采用暗挖施工解决大容积调蓄池与极度匮乏的建设用地之间的矛盾。

2.1 创新地提出"收、抽、排、蓄"运行模式解决桥区积水问题

通过新建抽排、调蓄系统，使泵站+调蓄池系统的排、蓄水能力达到67mm/h（P=10年）标准，将超过泵站抽水能力的雨水暂存在调蓄池内，通过削减降雨的峰值起到提升泵站系统排水标准的效果。桥区还需要根据规划模拟数据考虑高水系统水量在超标准时所溢出的雨水对低水系统的冲击，为保证立交在超标雨量的情况下，可以满足道路通畅，根据实际情况和立交的安全性，增大调蓄池的容积。

2.2 调蓄池作为下凹桥区蓄排系统的重要组成部分，对汛期桥区安全具有重要意义

（1）新建调蓄池系统解决了泵站扩建、重建的无建筑用地问题。中心城区泵站土建条件绝大部分不满足提标标准要求，易地新建因用地条件限制而无法实现。

（2）新建调蓄池解决了中心城区泵站提标外电源增容难题，采用错峰排放、通过不同工况模式转换，实现节能目标。

（3）调蓄池系统为下凹桥区应对高强度降雨险情争取了应急反应时间。调蓄池系统蓄存超量雨水，延缓桥区积水发生的时长，为汛期抢险部署、交通疏导赢得时间，避免极端气候灾害造成的人员伤亡和财产损失，其社会效益显著。

（4）调蓄池系统缓解了初期雨水对城市水体的污染状况。调蓄池系统设置初期雨水池，截流初期雨水，雨后排入污水管网，最终进入污水处理厂进行处理，减少水体污染，具有相当可观的环境效益。

（5）调蓄池系统为合理化利用雨水资源创造了条件。汛期蓄存的雨水经进一步处理，可作为杂用水水源，如汽车、绿化浇洒、冲厕等资源化利用。

2.3 采用浅埋暗挖工法实施大型多导洞调蓄构筑物解决中心城用地紧张、环境敏感问题

新建调蓄池总有效池容11233m³，采用暗挖施工，为全国最大的暗挖调蓄池；其中暗挖导洞达30个，建造难度大。地面建筑物密集，施工场区狭窄，需在汛期来临之前完工并投入使用，工期紧张。如此超大断面暗挖调蓄池如何保证施工过程中的自身安全与周边环境安全，如何在狭窄的施工场区实现开挖土方的临时堆放，如何在保证结构施工安全的前提下满足紧张的工期要求并兼顾经济效益，是本工程结构设计面临的重点与难点。为此，本工程在结构设计中主要采用以下三项创新性技术。

（1）结合使用功能特点，创新性地提出了"保留初衬中隔墙、每列导洞独立施做二衬结构"的"超大断面多层导洞法"。

（2）工程紧邻道路边坡，地面建筑物密集，采用从边坡坡面深孔注浆、从竖井打设管幕的方法确保边坡稳定、控制地表沉降。

（3）为解决狭小空间无场地堆土问题，提出了"将大竖井优化为小竖井+横通道，并利用横通道顶板兼做临时土仓"的技术。

3 改造效益

大红门桥区积水治理工程已于2018年5月15日汛期来临前竣工并投入使用，极大地缓解了当年强降雨对城市安全运营的影响，是实实在在的利民公益工程，社会效益显著。本工程成功实施，为后续批次下凹桥区积水点治理工程提供了技术支持，积累了宝贵经验。创新工法的实施，与PBA工法相比，节约造价约137万元。

4 经验与思考

雨水调蓄池是海绵城市中重要的"海绵体"，本工程创新采用的多层导洞法具有对周边环境影响小、施工速度快、工程造价低、布置灵活性和适用性强的特点，研究成果可在其他城市中进行推广，有效解决城市内涝问题，具有非常广阔的应用前景，带来显著的社会效益和经济效益。

28 昆明市第三水质净化厂新厂区示范工程

Kunming Third Water Purification Plant New Plant Demonstration
Project

市政设施类

项目地点：中国 昆明
Project Location: China, Kunming
项目功能：市政场站
Project Function: Municipal Administration
项目规模：水厂设计规模6万m³/d
Project scale: Water Plant Design Scale 60000m³/d
设计时间：2016年10月
Design Time：Oct. 2016
竣工时间：2019年3月
Completion Time：Mar. 2019
关键词：污水处理，提标改造，水质净化
Key Words：Sewage Treat, Upgrading and Reconstruction,
Water Purification

摘要：依照国家《水污染防治行动计划》总体部署要求，要以改善水环境质量为核心，大力推进生态文明建设，为加强滇池流域水污染治理措施，构建"蓝天常在、青山常在、绿水常在"的优质生活环境。通过昆明市第三水质净化厂新厂区改造提标工作，进而减轻进入滇池氮的负荷，彻底改善滇池富营养化状况，为建设宜业宜游宜居的美丽昆明、和谐昆明奠定坚实基础。

Abstract: Under the overall deployment of the national "Action Plan for the Prevention and Control of Water Pollution" to improve the quality of the water environment as the core and vigorously promote the construction of ecological civilization to strengthen the Dianchi River Basin Water Pollution Control Measures, to build a "blue sky is always". Through the third water quality purification plant in Kunming, the new plant renovation and upgrading work, and then the reduction of the load of nitrogen into the Dianchi pond, ultimately improve the eutrophication of the Dianchi pond situation, for the construction of livable, beautiful Kunming, harmonious Kunming to build a solid foundation.

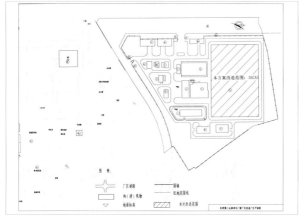

01 总平面图

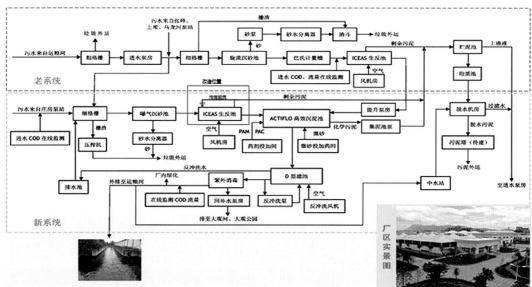

02 工艺流程图

1 建设背景

昆明市第三水质净化厂分老厂区和新厂区两部分，老厂区处理规模15万m³/d，新厂区处理规模6万m³/d，总设计处理规模21万m³/d。新、老厂区主体工艺均采用ICEAS工艺。深度处理区为高效沉淀池＋D形滤池＋紫外消毒工艺，老厂区二级出水与新厂区二级出水汇合后进入深度处理系统集中处理后统一排放，出水执行《城镇污水处理厂污染物排放标准》GB 18918-2002一级A标准。

昆明第三水质净化厂的有机物（COD、BOD5）去除能力较强，但出水氨氮浓度高，年平均为2.1mg/L；总氮的去除能力较差，出水总氮的年平均浓度为12.4mg/L。因此对三厂新厂区开展改造工作，有益于提高出水总氮去除率，为达到昆明市总氮量控制目标做出应有的贡献。同时，昆明市是一个水资源严重缺乏的城市，通过改造提标可以进一步提升三厂尾水的利用空间。

2 改造原因

2.1 预反应区没有发挥应有功能

昆明第三水质净化厂ICEAS池预反应区底部布设有大气泡曝气装置，在ICEAS池运行到曝气阶段时和主反应区同步曝气，当主反应区进行搅拌反硝化时预反应区由于没有搅拌装置和污泥的回流，几乎没有反硝化效果，ICEAS工艺无污泥回流系统并且采用连续进水，致使预反应区内的污泥浓度很低，约700~800mg/L，反硝化菌的比重较小。同时，由于缺少污泥回流，主反应区内产生的硝酸盐氮大量积累在生反应池的末端，无法及时地利用原水中的有机碳源进行反硝化。

2.2 进水碳源未被高效合理利用

碳源不足是限制昆明第三水质净化厂总氮去除率提高的主要因素之一，而目前ICEAS工艺的进水方式为连续进水，即当ICEAS生反池进行曝气时依然在进水，ICEAS工艺曝气阶段为112min而搅拌阶段仅为56min，此时原水中的有机碳源仅仅通过好氧曝气方式去除，即原水中约40%的碳源在曝气阶段被氧化降解，而并没有用作反硝化碳源，影响了反硝化的效果。这种连续进水的方式致使原水中的碳源利用率较低，同时还增加曝气阶段系统的有机物负荷，造成了不必要的能源浪费。

2.3 主反应区的搅拌功率不足

反硝化反应顺利进行的前提是微生物与底物充分接触，同时通过搅拌使得水中的溶解氧浓度迅速降低，昆明第三水质净化厂ICEAS工艺第二次搅拌反硝化阶段的搅拌效果不理想，水中DO浓度很难在短时间内降到0.5mg/L以下，反硝化的效果几乎丧失。

3 工艺设计

（1）出水水质：改造后总氮出水标准调整，其余出水指标仍采用《城镇污水处理厂污染物排放标准》GB 18918-2002一级A标准。

（2）工艺流程：新厂区工艺改造主要集中在ICEAS生化池部分，添加污泥回流过程，调整工艺运行模式，投加填料，强化ICEAS池搅拌。

4 设计创新

（1）优化进水模式，提高碳源利用率：布水方式由连续进水改为间歇进水，当ICEAS生反池曝气时停止进水，搅拌、沉淀、滗水时持续进水，这种集中进水模式，使得系统内的微生物可以最大程度地利用进水的碳源进行反硝化，在提高系统反硝化效率的同时还能减轻曝气阶段的有机负荷。

（2）优化运行模式：在保持进水量不变的情况下调整工艺运行模式，提高碳源利用效率，具体运行模式有6h/周期和4.8h/周期两种模式。

（3）增加污泥回流系统和搅拌器，强化预反应区功能：在主反应区末端增加污泥回流泵，将污泥回流到预反应区前端，提高预反应区的污泥浓度，充分发挥预反应区的生物选择功能。

（4）提高接触面积：在上述改造方案基础上，在ICEAS池内增加悬浮性填料，强化硝化反硝化功能，实现出水总氮小于等于10mg/L目标。

5 改造效益

对三厂新厂区的ICEAS生化池进行工艺改造，出水总氮去除率的提高和稳定性都得到了很好的保证，从环境效益和社会效益来说意义重大，有效缓解了城市水体的污染情况。通过水厂提标升级改造，进而减轻进入滇池氮的负荷，彻底改善滇池富营养化状况。

6 经验与思考

本项目在用地受限类水厂提标改造方面积累了宝贵经验。通过改造提标可以进一步提升三厂尾水的利用空间，带来显著的社会效益和经济效益，对城市污水的资源化利用具有可借鉴作用。

29 朝阳北路（四环－五环）道路大修工程

Chaoyang North Road (Fourth Ring Road - Fifth Ring Road)
Overhaul Engineering

市政设施类

项目地点：中国 北京
Project Location: Beijing, China

项目功能：城市主干路
Project Function: City Trunk Road

项目规模：道路全长约15.2km
Project Scale: The Total Length of the Road is about 15.2km

设计时间：2020年
Design Time：2020

竣工时间：2021年11月
Completion Time：Nov. 2021

关键词：道路大修，慢行提升，综合整治，改造
Key Words: Road Overhaul, Slow Upgrading, Comprehensive Improvement, Transformation

改造后鸟瞰图

摘要：朝阳北路始建于2003年，至今已经运营17年，逐步出现了路面病害多、慢行品质低、设施功能差等问题。改造以"慢行优先"为理念，通过交通组织优化与大数据有机结合，运用绿色低碳技术、新材料等方法，为市民创造了良好的出行体验。

Abstract: Chaoyang North Road was built in 2003 and has been in operation for 17 years. It has gradually developed problems such as many road surface diseases, low quality of slow-moving traffic, poor facilities' function, etc. The renovation is based on the concept of "slow-moving priority". The renovation is based on the idea of "slow-moving priority" through optimizing traffic organization and the organic combination of big data, green and low-carbon technology, new materials, and other methods to create a good travel experience for the public.

1 建设背景

经过近几十年的快速发展，北京市城市道路建设取得了前所未有的巨大成就，根据《北京市统计年鉴2020》公开资料显示，截至2019年底，北京市城六区城市道路总里程达到6156km，其中快速路390km，主干路1006km，城市道路总面积10459万m²，路网密度约5.7km/km²。城市道路的发展重点，已经由大规模建设向大规模养护转移。

朝阳北路起于朝阳，向东可延伸至北京城市副中心，向西连接至首都功能核心区，是北京市东部地区东西方向上的一条极其重要的交通干道，功能地位显著。道路始建于2003年，至大修设计时已经运营17年，逐步出现了路面病害多、慢行品质低、设施功能差等问题。因此，为提升整体服务水平，满足人民使用需求，本项目被列入《北京市2021年办好重要民生实事项目分工方案》第十七项"完成100万m²城市道路大修工程"年度重点工程。

2 改造设计理念与特点

遵循"决策科学、防治结合、可靠耐久、节能环保"的原则，以保障交通功能为基础，慢行优先为理念，保持城市整体风貌为原则，以"共建、共享、共治"为指导思想，采取"织补的方式"进行小微空间更新，实现"建筑可阅读、街区宜漫步、城市有温度"的建设目标。

道路大修工程不同于新建项目，是对道路的较大损坏进行的全面综合维修、加固，以恢复到原设计标准或进行局部改善以提高道路通行能力的工程，主要工作内容包括旧路调查与评价、病害诊断及养护需求分析、道路桥梁工程设计、慢行系统整治及后续施工配合，本项目具有以下特点：

(1)服务于首都，管理养护质量要求高。

(2)病害成因复杂、种类繁多，需进行针对性处理。

(3)创新环保要求高，积极稳妥采用新技术、新材料，提倡废弃材料的循环利用。

(4)市民法治意识强烈，对精细化、人性化设计要求高。

(5)限额设计，投资控制严格。

(6)夜间施工，保障日间交通。

3 改造效益或改造后功能提升

3.1 交通组织优化与大数据的有机结合

本项目结合滴滴大数据，对部分路段的交通组织进行分析和优化，缓解交通拥堵问题。朝阳北路为连接中心城区与通州的放射性主干道。交通特点表现为早高峰进城方向拥堵，晚高峰出城方向拥堵。项目设计过程中，由朝阳交通支队组织设计单位与滴滴公司大数据部门对接，对道路现状交通拥堵问题进行分析，优化部分路段的交通组织。

3.2 绿色低碳技术在市政桥梁大修项目中的应用

红领巾桥于1999年竣工，已投入运营20余年，附属设施病害严重。防撞墩的损坏主要是冬季除冰盐的侵蚀，因此本项目采用局部修补并在迎车面涂刷保护剂的方案，相比传统的挂网喷射聚合物砂浆的方案，更具经济性和耐久性，还能降低施工过程中的碳排放。

红领巾桥行车道外侧平石内的铸铁管因长期渗水已经严重锈胀导致平石开裂。本次改造协调市政部门将平石内电缆管道更换为不易锈蚀的材质，同时为保证平石的抗裂性能，在混凝土中掺入改性聚丙烯纤维，增加耐久性，做到长效低碳。

现场调查发现红领巾桥挂板出现松动，对下穿道路行车及行人形成安全隐患。本次改造对挂板进行拆除，对外露结构破损部位进行混凝土局部修补，然后涂刷混凝土保护剂，同时重点做好梁体翼缘的防水措施，相比采用复合材料挂板的方案，更具耐久性，同时减少了施工过程和后续养护过程的碳排放。

3.3 抗车辙新材料的应用

交叉口进口道、公交专用道及上下坡道等位置存在严重车辙问题。本项目采用天然岩沥青作为沥青改性剂，解决车辙和水损害的问题，降低工程造价。

3.4 "慢行优先"的理念在市政道路大修项目中的应用

(1)提升非机动车慢行系统：优化彩铺形式，避免大面积彩铺造成的后期管养不便以及景观效果较差的问题。

(2)优化提升人行步道系统：通过对全线人行步道宽度进行梳理，对于通行净宽不足的区域，采用增加树池箅子、局部拓宽人行步道宽度等方式来保障人行道路权。通过完善及优化无障碍及附属设施等，提升整体的慢行品质及服务水平。

4 经验与思考

城市市政公用设施是重要的民生基础设施，在保障经济社会发展、提高群众生活水平、改善城市环境质量等方面具有不可替代的作用。本项目在结构性大修基础上，通过统筹道路、市政、景观、建筑四大板块，强化功能性改善，达到"景观与交通的统一、保留与创新的统一、需求与投入的统一、标准与特色的统一"。城市道路的更新改造，以保障安全为前提，重视整体协同效应，不断探索更好的城市交通体验，提升居民的获得感与幸福感。

项目参与人员名单

产业与居住类

1. 项目名称：北京城建设计发展集团总部办公区更新改造
   主持设计：沈佳
   设计团队：王汉军、叶飞、徐宁、葛国栋、曲丹、秦晓晶、王玉杰、张鉴、金云飞、刘旭、白记东、白雪洁、高帅、邓德汉、齐之奇、万礼
   摄　　影：UK Studio、王东纯、廖晨、MAT超级建筑、葛国栋

2. 项目名称：新动力金融科技中心（原北京动物园公交枢纽）更新改造
   主持设计：刘京、贺奇轩
   设计团队：朱元元、刘璐、孔庆春、袁雅祺、彭凯、王依伦、蒋钊、马文华、金云飞、白记东、张鹏、高超、刘旭、史铁柱、张海燕、张晓堂、秦晓晶、高帅、王健、王云龙、张鉴、白雪洁、齐之奇、剧楚凝、王璐、耿华雄
   摄　　影：杨晓峰

3. 项目名称：北京红楼电影院改造
   主持设计：王东纯、冯琦禄
   设计团队：霍光、刘钰、袁雅祺、李天宇、张志革、王酒音、秦晓晶、张海燕、曲丹
   摄　　影：王东纯

4. 项目名称：砖窑里·北京市海淀区西三旗砖窑工业遗址改造
   主持设计：徐宁、于东治、李东梅
   设计团队：徐宁、李东梅、葛国栋、MAT超级建筑事务所、夏菡颖、周乐云、张亚旭、王秋元、齐之奇、甄钰涵、白雪洁、马文华、孙锋、顾亚琪、刘丰易
   摄　　影：王东纯

5. 项目名称：北京怀柔红砖建筑群改造项目
   主持设计：孙乐
   设计团队：王珊珊、马丁、陈金科、郭晓丽、刘勇、王钰、王跃、侯茂生、王佳慧、王酒音、鲁莹
   摄　　影：王东纯、孙乐

6. 项目名称：十里居装修改造项目
   主持设计：王东纯、齐亮
   设计团队：刘明、马丁、张志革、王酒音、杨果、陈金科、张旭、洪哲宇、张高洁、姚金阳
   摄　　影：王东纯

7. 项目名称：北辰购物中心改造项目
   主持设计：唐佳佳、徐云龙
   设计团队：姚立新、孙惠敏、张敏行、任民、韩陆、李树仁、李晓旻、刘阳阳
   摄　　影：徐云龙

8. 项目名称：北京中科致知百年实验学校改扩建项目
   主持设计：易涛、李楠
   设计团队：李晰萌、谢淑艳、张蕊、韩朝晖、宋庆峰、钟阳、张博群、刘恒伟、赵国超、王丹帅、阎岩
   摄　　影：杨超英

9. 项目名称：大城小苑民宿改造项目
   主持设计：齐亮、王东纯
   设计团队：马丁、赵鑫、王珊珊、段迪琛
   摄　　影：王东纯

10. 项目名称：华中师范大学校园建筑更新项目
    主持设计：沈佳、彭凌蔚
    设计团队：李晓岸、葛国栋、张听雨、李文迪、张尊民、卢可歆、寇新叶、侯天怡、刘旭、顾飞、邓德汉、靳佳兴、王玉杰、王健、杜皓、师文龙、江洋、王天会、马文华、滕丽娜、曹轶、剧楚凝、王璐、徐晓、韩宇
    摄　　影：杨晓峰

11. 项目名称：西安金花南山酒店改造项目
    主持设计：唐佳佳、徐云龙、李维
    设计团队：李宁、李维阳、王昉、李映雪、任民、孙志国

12. 项目名称：北京鼓楼周边院落保护性修缮和恢复性修建项目
    主持设计：杨万里、窦宗娴、郭文昕
    设计团队：马云飞、顾乡、吴林、李凝玉、范锐星、任建兰、张薛、崔晓情

13. 项目名称：望坛棚户区改造项目
    主持设计：刘京、贺奇轩
    设计团队：关一立、梁振昱、闫秀丽、尹旭屹、刘璐、彭凯、张黎、孙飞、熊欢、王亮、秘立环、朱锟、张晓阳、张亚旭、王莹、白记东、廖俊、郭建虎、魏闯、刘昭、詹睿轩、尚帆、周乐云、王涛、邓德汉、李俊鹏、秦晓晶、王建铎、刘勇、靳佳兴、李洁、梁思宇、曲丹、关达可、王健、张晓堂、姜忠山、张鉴、白雪洁、李武、张海燕、宋海雷、闫海朋、高帅、仝浩杰、刘杰、王萌、甄钰涵
    摄　　影：杨晓峯、南城老李

交通设施类

14. 项目名称：上海地铁12号线南京西路站与历史风貌区一体化

主持设计：宋勇峰、雷涛

设计团队：朱玉婷、何肖健、陈祥达、姜冰、杨卓、周京、周嘉燊、孙珝、陈春燕、杨卉菊、刘晓波、缪健进、高荣云、顾率民、郝树奎、黄松、杨扬、许世杰、严志峰、徐冉

摄　　影：程彬彬

15. 项目名称：厦门地铁2号线高林停车场及上盖公交停车场与高林公园更新改造

主持设计：张绍民、黄雪峰

设计团队：郝连波、苏辉、王玉娟、林志波、叶旭、郑阿勇、张宇明、林耀、姚晓明、黄雪峰、陈由超、吴华斌、廖正蓬

公园设计：中国城市建设研究院有限公司

设计团队：刘薇、陈梅凤、黄韵、黄在长、张华光、何建、林希凡

摄　　影：陈启迪

16. 项目名称：梨园广场公共停车场综合体项目

主持设计：刘文东

设计团队：孙乐、殷阳春、严凯强、江冬飞、江渭春、张南峰、殷超师、赵亮、吴立健、李士超、朱承庭、黄子剑

摄　　影：胡功

17. 项目名称：西安市地铁3号、4号线车站附属设施更新

主持设计：姜泽、黄俊伟、张磊、张志革

设计团队：薛关涛、陈璐璐、刘献忠、俞勤远、曹氓、陈晨、郝松臣、范艺儒

摄　　影：杨明森

18. 项目名称：北京核心区既有线地铁站一体化改造项目

主持设计：彭彦彬

设计团队：徐江、焦玉鹏、张仑、王杰、郑杰、张一川、马文华、刘轲、郭光玲、郭洋、刘雨微、马晓婵、刘志

公共空间类

19. 项目名称：长春火车站综合交通换乘中心南广场项目

主持设计：董召英

设计团队：王春刚、史铁柱、姜培培、陈涛、刘学波、王萌、邓德汉、葛守彬、张海燕、闫海鹏、赵亮、宿同飞、谭家兴、王慧、姚爽、李鹤、李斌、宋佳、王龙、孙元元、魏利、曲东旭、彭佳、曹志峰、褚长亮、高方定、穆彦冬

摄　　影：UK Studio、吉林省光啸文化传媒有限公司

20. 项目名称：城市绿心森林公园南门综合服务区景观更新

主持设计：李林

设计团队：郭祥、侯惠珺、王笑微

摄　　影：曹杨

21. 项目名称：济南西站天窗景观改造

主持设计：朱晓冬

设计团队：李荻、尹杰、刘颖、杨果、田立宗、桑光伟、毛建平

摄　　影：济南轨道交通集团有限公司、朱晓冬、刘颖

22. 项目名称：天宁寺桥桥下空间更新改造项目

主持设计：刘剑锋、莫飞

设计团队：马海红、李超、陈琳、朱俊洁、储涛、郑甬、唐冰玉、苗堃、赵永年、刘尚昂、张亚男、席洋、刘畅

摄　　影：陈琳

23. 项目名称：新动力金融科技中心屋顶花园

主持设计：刘京、贺奇轩

设计团队：马文华、蒋钊、王璐、剧楚凝、耿华雄

摄　　影：杨晓峰

24. 项目名称：北京市密云区阳光公园改造项目

主持设计：龚武

设计团队：李青靓、于彩云、杨雄超、孙琳、于靖

摄　　影：龚武、李青靓

25. 项目名称：四环辅路（海淀桥－志新桥）慢行系统品质提升

主持设计：刘佳、邓金凤

设计团队：鲍小奎、范楚丹、李尚、吕玥、孟祥川、史亚峰、宋代学、杨帆、于长越、郑文超

摄　　影：邓金凤

市政设施类

26. 项目名称：地铁8号线三期（王府井）地下综合管廊（一期）工程

主持设计：肖燃、刘文波

设计团队：张丽、梁文杰、赵越、袁佩贤、冯欣、范涛、张一川、常银宗、陈康、祝栋年、赵欣、王杰

27. 项目名称：大红门桥区积水治理工程

主持设计：王建强

设计团队：朱晓媛、夏伟伟、王盈盈、李玲、刘海平、曹茜、王毅龙、游旻昱、刘佳、陈文萍、张晓薇、马晓婵

摄　　影：朱晓媛、刘海平

28. 项目名称：昆明市第三水质净化厂新厂区示范工程

主持设计：王建强、胡继宗

设计团队：陈彦、刘君、姜清耀、潘新、张晓薇、张秋生

29. 项目名称：朝阳北路（四环－五环）道路大修工程

主持设计：李尚

设计团队：贺孟霜、韩倩、王冲、杨帆、宋硕、宋代学、史亚峰、郭娜、陈宝军

摄　　影：李尚、贺孟霜、韩倩、王冲、杨帆